高速公路标准化管理指南

Administion Manual of Expressway Standardization

工程勘察设计招标文件

（项目专用本）

陕西省交通建设集团公司　主编

人民交通出版社
China Communications Press

图书在版编目(CIP)数据

工程勘察设计招标文件:项目专用本/陕西省交通建设集团公司主编.—北京:人民交通出版社,2011.3
(高速公路标准化管理指南;1)
ISBN 978-7-114-08901-5

I.①工… II.①陕… III.①高速公路-勘测-招标-文件-陕西省②高速公路-设计-招标-文件-陕西省
IV.①U412.36

中国版本图书馆CIP数据核字(2011)第028384号

高速公路标准化管理指南

书　　名:**工程勘察设计招标文件**(项目专用本)
著 作 者:陕西省交通建设集团公司
责任编辑:栗光华
出版发行:人民交通出版社
地　　址:(100011)北京市朝阳区安定门外外馆斜街3号
网　　址:www.ccpress.com.cn
销售电话:(010)59757969,59757973
总 经 销:人民交通出版社发行部
经　　销:各地新华书店
印　　刷:北京市密东印刷有限公司
开　　本:880×1230　1/16
印　　张:7.75
字　　数:147千
版　　次:2011年3月　第1版
印　　次:2011年3月　第1次印刷
书　　号:ISBN 978-7-114-08901-5
总 定 价:132.00元

本书编审委员会名单

编写委员会

主 任 委 员： 杨育生

副主任委员： 杨　健　刘海鹏

委　　　员： 吕文江　李婷婷　张　娟

王天林　曾友权　郑小峰

审查委员会

主 任 委 员： 韩定海

副主任委员： 梁俊海　党延兵

委　　　员： 王天林　贾小军　朱绪飞

吕　凡　韩　煜　赵永强

序

地处内陆腹地的陕西，曾是中国几千年的政治、经济、文化和交通中心，积淀着悠久灿烂的交通文明，秦直道、丝绸之路等都在中国历史上留下了浓墨重彩。陕西也是国内较早建设高速公路的省份之一，1986年西安至临潼高速公路的开工建设，标志着西部地区高速公路建设扬帆启程。经过20余年的艰苦奋斗，2007年陕西高速公路通车里程在西部率先突破2000km，2010年又率先突破3000km，总里程达到3400km，内联外接、四通八达，承载着现代文明的高速公路骨架网络基本形成。

陕西省交通建设集团公司作为陕西高速公路建设的主力军之一，自2006年组建之始就肩负起发展陕西现代交通的时代伟业。四年多来，我们在省委、省政府的亲切关怀下，在陕西省交通运输厅的正确领导下，坚持以科学发展观为统领，励精图治，奋发有为，强势推进高速公路建设。累计完成高速公路建设投资838亿元，建设高速公路1171km，占全省新增高速公路里程2100km的55.7%。先后建成了一大批技术先进、管理科学、生态环保、安全畅捷的高速公路项目，其中规模世界第一的秦岭终南山公路隧道、长度全国第三的包家山公路隧道，以及西北地区建设标准最高、配套设施最完善、智能化水平最高的西安咸阳机场专用高速公路等，受到了社会各界及国内外同行的广泛赞誉，为全国高速公路建设树立了典范。秦岭终南山公路隧道建设与运营管理关键技术研究荣获国家科技进步一等奖。这些标志性工程的建成，为陕西高速公路跨越式发展书写了精彩之笔，为陕西经济社会全面快速发展做出了重要贡献。

伴随着高速公路在三秦大地上的快速延伸，陕西高速公路建设管理水平和施工技术也取得了长足进步。四年多来，我们以高度负责的精神狠抓工程管理，大力推行标准化施工，积极探索新技术、新工艺、新规范，加强施工过程控制，重点治理质量通病，确保了每一条高速公路又好又快地建成。实践表明，没有规矩不成方圆。只有通过统一的技术标准、管理标准和检验标准，打造统一、规范、有序的施工标准体系，才能真正实现对质量、工期、投资、安全的有效控制，建设质优价廉的精品工程。为此，我们在严格执行现行公路施工相关标准规范的基础上，遵循现代工程管理的规律和要求，深入探索总结实践经验，制定了一系列科学合理、行之有效的公路施工技术标准和规范。2010年，利用半年时间又对这些标准、规范进行了重新梳理归纳，参考国内外先进做法,组织力量,精心编写完成了陕西省交通建设集团公司《高速公路标准化施工技术(管理)指南》。这套标准化施工技术(管理)指南共8册,涵盖了特殊路基、路面、连续刚构桥梁和隧道、安全生产和文明工地、标准化管理制度、工程勘察设计招标文件(项目专用本)、施工招标资格预审文件、施工招标文件(项目专用本)8个方面,是一部全面、真实、系统、科学反映公路施工过程相关技术要求的制度汇编,对于进一步规范工程管理、明确技术规程、强化过程控制、解决质量通病,以及全面提升公路施工标准化、制度化、规范化水平,具有极为重要的指导意义。

在面向"十二五"的新起点上,交通运输部提出公路建设要实现"发展理念人本化、项目管理专业化、工程施工标准化、管理手段信息化、日常管理精细化"的总体要求。根据陕西省交通运输厅的规划,未来一个时期,陕西交通将紧紧围绕"发展现代交通,奉献一流服务"的行业使命,全力实施"2637"高速公路网规划,到2012年高速公路通车里程将突破4000km,2015年突破5000km。面对这一艰巨而光荣的历史重任,陕西省交通建设集团公司将继续担当新使命,迎接新挑战,大力推行标准化、规范化、精细化建设管理,将现代工程管理的理念、方式和手段贯穿于项目全过程,不断强化工程质量、工程监理、安全生产、文明施工等各类要素管理,努力实现"管理行为标准化、工地建设标准化、施工工艺标准化、过程控制标准化、建设成果标准化",确保高速公路建设工程质量优良品率达到100%,打造出更多处于全国领先水平的典型示范工程,为陕西公路交通事业跨越式发展再添光彩、再铸辉煌!

陕西省交通建设集团公司董事长　杨育生

2011年2月

说　明

一、工程勘察设计招标文件由交通运输部《公路工程标准勘察设计招标文件》(2011年版)(以下简称《标准设计文件》)和《工程勘察设计招标文件(项目专用本)》(以下简称《项目专用本》)两部分组成。本册为《项目专用本》。

二、《项目专用本》是对《标准设计文件》的补充、完善和修改,投标人应将《标准设计文件》和《项目专用本》结合阅读。凡《标准设计文件》与《项目专用本》不一致处以《项目专用本》为准。凡《项目专用本》未编入的内容均以《标准设计文件》为准。

三、投标人的投标文件应按照《项目专用本》和《标准设计文件》的要求编制,应完整反映《项目专用本》和《标准设计文件》的要求和内容。否则,招标人将拒绝此投标文件。

四、本《项目专用本》中凡涉及国家法律法规、省厅相关规定、技术标准及规范的内容,各项目招标文件编写时应以最新文件为准,对文中相关内容进行修改。

五、当采用资格后审方式招标时,应用本《项目专用本》;当采用资格预审方式招标时,应用《公路工程标准勘察设计招标资格预审文件》(交公路发〔2010〕742号)及《公路工程标准勘察设计招标文件》(交公路发〔2010〕742号)。

目　　录

第一章　招标公告 …… 1
1. 招标条件 …… 3
2. 项目概况与招标范围 …… 3
3. 投标人资格要求 …… 3
4. 招标文件的获取 …… 4
5. 招标文件的递交及相关事宜 …… 4
6. 发布公告的媒介 …… 4
7. 联系方式 …… 5
第二章　投标人须知 …… 7
投标人须知前附表 …… 9
1. 总则 …… 18
2. 招标文件 …… 20
3. 投标文件 …… 21
4. 投标 …… 24
5. 开标 …… 25
6. 评标 …… 27
7. 合同授予 …… 27
8. 重新招标和不再招标 …… 28
9. 纪律和监督 …… 29
10. 其他规定 …… 29
第三章　评标办法(综合评估法Ⅰ) …… 41
评价办法前附表 …… 43
1. 总则 …… 47
2. 评标程序和评审标准 …… 47
第四章　合同条款及格式 …… 51
第一节　通用合同条款 …… 53
第二节　专用合同条款 …… 54
1. 定义和解释 …… 54
3. 设计人的责任与义务 …… 54
4. 勘察设计周期及提交成果 …… 61
5. 违约与赔偿 …… 61
7. 费用与支付 …… 62
8. 其他 …… 63

第三节　合同附件格式 …… 64
附件一　合同协议书 …… 65
附件二　廉政合同 …… 67
附件三　履约保函 …… 69
第五章　勘察设计技术要求 …… 71
一、勘察设计技术标准与规范 …… 73
二、发包人根据工程需要另行补充的勘察设计技术要求(如有) …… 74
第六章　投标文件格式 …… 75
投标文件　第一卷　商务文件 …… 77
一、投标函 …… 81
二、法定代表人身份证明或法定代表人的授权委托书 …… 82
三、联合体协议书 …… 84
四、投标保证金 …… 85
五、拟分包项目情况表 …… 86
六、资格审查表 …… 87
七、其他材料 …… 94
投标文件　第二卷　技术文件 …… 95
八、技术建议书 …… 99
投标文件　第三卷　报价清单 …… 101
一、报价函 …… 105
二、报价清单说明 …… 106
三、公路工程勘察工作报价清单表 …… 107
四、公路工程设计工作报价清单表 …… 109
五、报价清单汇总表 …… 111

第一章　招 标 公 告

第一章　招 标 公 告

____________（项目名称）勘察设计招标公告

1. 招标条件

本招标项目____________（项目名称）已由____________（项目审批、核准或备案机关名称）以____________（批文名称及编号）批准建设，项目业主为______________，建设资金来自________________（资金来源），项目出资比例为______________，招标人为____________。项目已具备招标条件，现对该项目的勘察设计进行公开招标，资格后审。

2. 项目概况与招标范围

________（说明本次招标项目的建设规模、技术标准、招标范围、标段划分等）。

3. 投标人资格要求

3.1　本次招标要求投标人须根据所申请工程内容具备相应的资质和业绩，并在人员组成结构等方面具有相应的勘察设计能力。

勘察设计标段划分和资格要求表

类别	土建主体工程			机电工程			房建工程			设计审查及监理		
设计标段划分	N1	N2	…	N1	N2	…	N1	N2	…	N1	N2	…
路段范围												
路线长度												
主要设计工作内容												
资质要求												
资历（业绩）条件												

3.2　本次招标______（接受或不接受）联合体投标。联合体投标的，应满足下列要求：____________。

3.3　每个投标人最多可对____（具体数量）个标段投标，且允许中____个标。

3.4　勘察设计周期初步安排计划。

（1）初步设计：____________标段________年____月____日前提交初步设计阶段勘

察设计文件并且送审。____________标段________年____月____日前提交初步设计文件审查文件及报告。总体协调单位为____________标段。

(2)施工图设计:____________标段________年____月____日前提交施工图设计阶段勘察设计送审,同时提交施工招标文件、所需的图纸、技术规范和工程量清单。________年____月____日前提交施工图设计文件审查文件及报告。

(3)征地拆迁公路用地图表:________年____月____日之前提交(文件和光盘)。

(4)勘察定界(埋设界桩):________年____月____日之前完成。

(5)办理土地预审等十个单项评估所需设计资料,根据十个单项评估所要求的时限提交。

(6)后续服务:从开工之日起至施工缺陷责任期结束。

4. 招标文件的获取

4.1 凡有意参加投标者,请于________年____月____日至________年____月____日(法定公休日、法定节假日除外),每日上午____时至____时,下午____时至____时(北京时间,下同),在__________________________(详细地址)持法人营业执照副本原件、勘察资质证书副本原件、设计资质证书副本原件、单位介绍信、经办人身份证及上述资料复印件一套购买招标文件。参加多个标段投标的投标人必须分别购买相应标段的招标文件,并对每个标段单独递交投标文件。

4.2 招标文件每套售价________元,售后不退。

5. 投标文件的递交及相关事宜

5.1 招标人将于下列时间和地点组织进行工程现场踏勘并召开投标预备会。

踏勘现场时间:________年____月____日____时,集中地点:____________________________;

投标预备会时间:________年____月____日____时,地点:______________________________。

5.2 投标文件递交的截止时间(投标截止时间,下同)为__________年____月____日____时____分,投标人应于当日____时____分至____时____分将投标文件递交至_________________________。

5.3 逾期送达的或者未送达指定地点的投标文件,招标人不予受理。

6. 发布公告的媒介

本次招标公告同时在________________、陕西省交通运输厅、陕西省交通建设集团公司网站上发布。

7. 联系方式

招 标 人：____________________　　执行机构：____________________
地　　址：____________________　　地　　址：____________________
邮政编码：____________________　　邮政编码：____________________
联 系 人：____________________　　联 系 人：____________________
电　　话：____________________　　电　　话：____________________
传　　真：____________________　　传　　真：____________________

________年____月____日

第二章　投标人须知

第二章　投标人须知

投标人须知前附表

条款号	条款名称	编列内容
1.1.2	招标人	名称:陕西省交通建设集团公司 地址:西安市唐延路6号
	执行机构	名　称: 地　址: 联系人: 电　话: 传　真:
	项目名称	
	建设地点	
1.2	资金来源	
	出资比例	
	资金落实情况	
1.3	招标范围	□初勘、初测 □详勘、定测 □初步设计 □技术设计 □施工图设计 □其他:＿＿＿＿＿
	勘察设计周期	详见专用合同条款第4.1款的规定
1.4.1	投标人资质条件、能力和信誉	资质条件:见附录1 业绩要求:见附录2 人员要求:见附录3 信誉要求:见附录4
1.4.2	联合体	□不接受 □接受 但联合体所有成员数量不得超过＿＿＿家; 还应满足下列要求:＿＿＿＿＿

续上表

条款号	条 款 名 称	编 列 内 容
1.9.1	踏勘现场	□不组织 □组织,踏勘时间: 踏勘集中地点:
1.10.1	投标预备会	□不召开 □召开,召开时间: 召开地点:
1.11	分包	□不允许 □允许
2.1	构成招标文件的其他材料	
2.2.1	投标人要求澄清招标文件的截止时间	递交投标文件截止之日______天前
2.2.2	投标截止时间	________年____月____日____时____分
2.2.3	投标人确认收到招标文件澄清的时间	收到澄清后__24__小时内(以发出时间为准)
2.3.2	投标人确认收到招标文件修改的时间	收到修改后__24__小时内(以发出时间为准)
3.1.1	投标文件形式	双信封
3.2.2	招标人是否设有最高投标限价	设置最高、最低限价,以补遗书形式公布
3.2.3	固定勘察设计费	—
3.3.1	投标有效期	自递交投标文件截止之日起计算__60__天
3.4.1	投标保证金	投标保证金金额:________ 投标保证金形式:________ 投标保证金递交截止时间: ________年____月____日____时之前 招标人指定账户的账户名称、开户银行及账号如下: 账户名称:____________ 开户银行:____________ 账　　号:____________

续上表

条款号	条 款 名 称	编 列 内 容
3.7.5	投标文件副本份数	__1__份,另加1份投标文件电子文件(光盘或U盘,如需要)
4.1.2	封套上写明	投标文件第一信封(商务及技术文件)内层封套: 投标人邮政编码:________ 投标人地址:________ 投标人名称:________ 投标人联系人:________ 投标人联系电话:________ 招标人地址及名称:________(寄) 投标文件第二信封(报价清单)内层封套: 投标人邮政编码:________ 投标人地址:________ 投标人名称:________ 投标人联系人:________ 投标人联系电话:________ 招标人地址及名称:________(寄) 投标文件外层封套: 招标人地址:________ 招标人名称:________ ________(项目名称)________标段勘察设计投标文件 在______年____月____日____时____分前不得开启
4.2.2	递交投标文件地点	
4.2.6	招标人通知延后投标截止时间的时间	原定投标截止时间__7__天前
5.1	开标时间和地点	投标文件第一信封(商务及技术文件)开标时间:同投标截止时间 投标文件第一信封(商务及技术文件)开标地点:________ 投标文件第二信封(报价清单)开标时间:________ 投标文件第二信封(报价清单)开标地点:________

续上表

条款号	条 款 名 称	编 列 内 容
6.1.1	评标委员会的组建	评标委员会构成:______人,其中招标人代表______人,专家______人; 评标专家确定方式:从________专家库中随机抽取
6.3	评标办法	本次招标采用综合评估法 I
7.1	是否授权评标委员会确定中标人	是
7.3.1	履约担保	履约担保金额:__5__%签约合同价 履约担保形式:现金
9.5	监督部门	监督部门:陕西省监察厅驻交通运输厅监察室 地　　址:西安市唐延路6号 电　　话:029－88869191 传　　真:029－88869191 邮政编码:710075
需要补充的其他内容		

附录1　资格审查条件(资质最低条件)

项目名称	合同段编号	资 质 标 准
高速公路	土建主体设计标段	工程勘察专业类甲级(岩土、测量)或工程勘察综合类甲级及公路行业(公路、交通工程)设计甲级
	机电设计标段	公路行业交通工程设计甲级
	房建设计标段	工程勘察综合类乙级或工程勘察专业类乙级及以上且房屋建筑设计乙级及以上(含联合体)
	设计审查及监理标段	公路工程咨询甲级及公路行业(公路)设计甲级

附录2　资格审查条件(业绩最低要求)

项目名称	合同段编号	资 历 标 准
高速公路	土建主体设计标段	近5年内完成过2条及以上里程50公里(含)以上的高速公路相关内容的勘察设计
	机电设计标段	近5年内完成过2条及以上里程50公里及以上的高速公路机电工程(且实施了联网收费)相关内容的勘察设计
	房建设计标段	近5年内至少完成过1条高速公路相关同类项目的勘察设计
	设计审查及监理标段	近5年内至少完成过1条高速公路类似工程的设计审查工作

附录3　资格审查条件(主要人员最低要求)

适用于土建主体设计标段

人　　员	数量(人)	资 历 标 准
项目负责人	1	高级工程师,近5年内担任过2条以上(含2条)里程在50公里以上(含50公里)的高速公路项目工程勘察设计项目负责人
工程测量分项负责人	1	高级工程师,近5年内主持过2条以上(含2条)里程在50公里以上(含50公里)的高速公路项目测量工作
工程地质勘察分项负责人	1	高级工程师,近5年内主持过1条以上(含1条)里程在50公里以上(含50公里)的高速公路项目工程地质勘察工作
路线分项负责人	1	高级工程师,近5年内主持过2条以上(含2条)里程在50公里以上(含50公里)的高速公路项目路线勘察设计工作
路基分项负责人	1	高级工程师,近5年内主持过2条以上(含2条)里程在50公里以上(含50公里)的高速公路项目路基勘察设计工作
路面分项负责人	1	高级工程师,近5年内主持过2条以上(含2条)里程在50公里以上(含50公里)的高速公路项目路面勘察设计工作
桥涵分项负责人	1	高级工程师,近5年内主持过2条以上(含2条)里程在50公里以上(含50公里)的高速公路项目桥涵勘察设计工作
路线交叉分项负责人	1	高级工程师,近5年内主持过2条以上(含2条)类似本项目条件的高速公路项目路线交叉勘察设计工作
隧道分项负责人	1	高级工程师,近5年内主持过2条以上(含2条)长度大于1公里以上(含1公里)的公路隧道勘察设计工作

续上表

人　　员	数量（人）	资 历 标 准
隧道附属设施工程分项负责人	1	高级工程师，近5年内主持过2条以上（含2条）长度大于1公里以上（含1公里）的公路隧道附属设施（通风、供配电照明、消防等）设计工作
交通安全设施分项负责人	1	高级工程师，近5年内主持过2条以上（含2条）里程在50公里以上（含50公里）的高速公路项目交通安全设施设计工作
工程概、预算分项负责人	1	高级工程师，近5年内主持过2条以上（含2条）里程在50公里以上（含50公里）的高速公路项目概、预算工作
后续服务工作项目负责人	1	高级工程师，近10年内主持过2条以上（含2条）里程在50公里以上（含50公里）的高速公路后续服务工作，且参加本项目的勘察设计工作

适用于机电设计标段

人　　员	数量（人）	资 历 标 准
项目负责人	1	高级工程师，近5年内担任过2条以上（含2条）里程在50公里以上（含50公里）的高速公路项目工程勘察设计项目负责人
收费系统分项负责人	1	高级工程师，近5年内主持过2条以上（含2条）里程在50公里以上（含50公里）的高速公路机电工程联网收费系统设计工作
通信系统分项负责人	1	高级工程师，近5年内主持过2条以上（含2条）里程在50公里以上（含50公里）的高速公路机电工程通信系统（联网）工作
监控系统分项负责人	1	高级工程师，近5年内主持过2条以上（含2条）里程在50公里以上（含50公里）的高速公路机电工程监控系统（联网）工作

续上表

人　　员	数量(人)	资 历 标 准
隧道监控系统分项负责人	1	高级工程师,近5年内主持过2条以上(含2条)里程在1公里以上(含1公里)的公路隧道监控系统工作
工程概、预算分项负责人	1	高级工程师,近5年内主持过2条以上(含2条)里程在50公里以上(含50公里)的高速公路项目概、预算工作
后续服务工作项目负责人	1	高级工程师,近10年内主持过2条以上(含2条)里程在50公里以上(含50公里)的高速公路后续服务工作,且参加本项目的勘察设计工作

适用于房建设计标段

人　　员	数量(人)	资 历 标 准
项目负责人	1	高级工程师,国家二级注册建筑师及以上,近5年内担任过同类项目勘察设计项目负责人
建筑工程分项负责人	1	高级工程师,国家二级注册建筑师及以上,近5年内主持过2项同类项目勘察设计工作
工程概、预算分项负责人	1	高级工程师,并具有注册造价工程师证书,近5年内主持过2条以上(含2条)高速公路同类工程项目概、预算工作
后续服务工作项目负责人	1	高级工程师,近5年内主持过1项同类项目后续服务工作,且参加本项目的勘察设计工作

适用于设计审查及监理标段

人　　员	数量（人）	资 历 标 准
项目负责人	1	高级工程师，近5年内担任过2条以上（含2条）里程在50公里以上（含50公里）的高速公路项目工程勘察设计或审查项目负责人
路线分项负责人	1	高级工程师，近5年内主持过2条以上（含2条）里程在50公里以上（含50公里）的高速公路项目路线勘察设计或审查工作
路基分项负责人	1	高级工程师，近5年内主持过2条以上（含2条）里程在50公里以上（含50公里）的高速公路项目路基勘察设计或审查工作
桥涵分项负责人	1	高级工程师，近5年内主持过2条以上（含2条）里程在50公里以上（含50公里）的高速公路项目桥涵勘察设计或审查工作
隧道分项负责人	1	高级工程师，近5年内主持过2条以上（含2条）长度大于1公里以上（含1公里）的公路隧道勘察设计或审查工作
隧道附属设施工程分项负责人	1	高级工程师，近5年内主持过2条以上（含2条）长度大于1公里以上（含1公里）的公路隧道附属设施（通风、照明、消防等）设计或审查工作
机电系统分项负责人	1	高级工程师，近5年内主持过2条以上（含2条）里程在50公里以上（含50公里）的高速公路机电系统工程设计或审查工作
工程概、预算分项负责人	1	高级工程师，近5年内主持过2条以上（含2条）高速公路同类工程项目概、预算工作

1 总则

1.1 项目概况

1.1.1 根据《中华人民共和国招标投标法》等有关法律、法规和规章的规定,本招标项目已具备招标条件,现对本项目勘察设计进行招标。

1.1.2 本招标项目招标人、执行机构、项目名称及建设地点:见“投标人须知前附表”。

1.2 资金来源和落实情况

1.2.1 本招标项目的资金来源、出资比例及资金落实情况:见“投标人须知前附表”。

1.3 招标范围和勘察设计周期

1.3.1 本次招标范围及勘察设计周期:见“投标人须知前附表”。

1.4 投标人资格要求

1.4.1 本招标项目对投标人资质条件、业绩、人员、信誉的要求:见“投标人须知前附表”。

1.4.2 “投标人须知前附表”规定接受联合体投标的,除应符合本章第1.4.1项和“投标人须知前附表”的要求外,还应遵守以下规定:

(1)联合体各方应按招标文件提供的格式签订联合体协议书,明确联合体牵头人和各方权利义务;

(2)由同一专业的单位组成的联合体,按照资质等级较低的单位确定资质等级;

(3)联合体各方不得再以自己名义单独或参加其他联合体在同一标段中投标,否则,相关投标文件均作为废标处理;

(4)联合体各方应分别按照本招标文件的要求,填写投标文件中的相应表格,并由联合体牵头人负责对联合体各成员的资料进行统一汇总后一并提交给招标人;联合体牵头人所提交的投标文件应认为已代表了联合体各成员的真实情况;

(5)尽管委任了联合体牵头人,但联合体各成员在投标、签约与履行合同过程中,仍负有连带的和各自的法律责任。

1.4.3 投标人不得存在下列任一情形:

(1)为招标人不具有独立法人资格的附属机构(单位);

(2)为本招标项目的代建人;

(3)为本招标项目提供招标代理服务的;

(4)与本招标项目的代建人或招标代理机构同为一个法定代表人的;

(5)与本招标项目的代建人或招标代理机构相互控股或参股的;

(6)与本招标项目的代建人或招标代理机构相互任职或工作的；

(7)被责令停业的；

(8)财产被接管或冻结的；

(9)经评标委员会认定会对承担本招标项目造成重大影响的正在诉讼案件的；

(10)被省级及以上交通运输主管部门取消项目所在地的投标资格或禁止进入该区域公路建设市场且处罚期未满的；

(11)为投资参股本招标项目的法人单位。

1.5　费用承担

投标人准备和参加投标活动发生的所有费用自理。

1.6　保密

参与招标投标活动的各方应对招标文件和投标文件中的商业和技术等秘密保密，违者应对由此造成的后果承担法律责任。

1.7　语言文字

除专用术语外，与招标投标有关的语言均使用中文。必要时专用术语应附有中文注释。

1.8　计量单位

所有计量均采用中华人民共和国法定计量单位。

1.9　踏勘现场

1.9.1　"投标人须知前附表"规定组织踏勘现场的，招标人按"投标人须知前附表"规定的时间、地点组织投标人踏勘项目现场。

1.9.2　投标人踏勘现场发生的费用自理。

1.9.3　除招标人的原因外，投标人自行负责在踏勘现场中所发生的人员伤亡和财产损失。

1.9.4　招标人在踏勘现场中介绍的工程场地和相关的周边环境情况，供投标人在编制投标文件时参考，招标人不对投标人据此作出的判断和决策负责。

1.10　投标预备会

1.10.1　"投标人须知前附表"规定召开投标预备会的，招标人按"投标人须知前附表"规定的时间和地点召开投标预备会，澄清投标人提出的问题。

1.10.2　投标人应以书面形式(包括信函、电报、传真等可以有形地表现所载内容的形式，下同)将提出的问题送达招标人，以便招标人澄清。

1.10.3　投标预备会后，招标人在投标人须知第2.2.2项规定的时间内，将对投标人所提问题的澄清，以书面方式通知所有购买招标文件的投标人。该澄清内容为招标文件的组成部分。

1.11 分包

本项目严禁转包和违规分包,且不得再次分包。投标人拟在中标后将中标项目进行分包的,应符合以下规定:

(1)分包内容要求:如投标人拟将本项目的某些专业工程的勘察、设计或专题研究进行分包,必须经发包人同意和批准;

(2)分包人的资格要求:拟定的分包人应具有相应的资质,其资格能力应与其分包工作的标准和规模相适应;

(3)其他要求:投标人应将拟定的分包计划,按第六章“投标文件格式”的要求填写“拟分包项目情况表”并提供相关证件的复印件(如有分包),且投标人中标后的分包应满足合同条款第3.6款的相关要求。

1.12 偏差

偏差分重大偏差和细微偏差。

1.12.1 投标文件不符合第三章“评标办法”所列的资格审查和初步评审标准以及按照第三章“评标办法”规定对投标价进行算术性错误修正后,最终投标报价超过最高投标限价(如有)的,属于重大偏差,视为未能对招标文件作出实质性响应,按废标处理。

1.12.2 投标文件中的下列偏差为细微偏差:

(1)在按照第三章“评标办法”的规定对投标价进行算术性错误修正后,最终投标报价未超过最高投标限价(如有)的情况下,出现第三章“评标办法”所列的投标报价的算术性错误;

(2)技术建议书不够完善。

1.12.3 评标委员会对投标文件中的细微偏差按如下规定处理:

(1)对于本章第1.12.2项(1)目所述的细微偏差,按照第三章“评标办法”第2.8款的规定予以修正并要求投标人进行澄清;

(2)对于本章第1.12.2项(2)目所述的细微偏差,评标委员会可在相关评审因素的评分中酌情扣分,但最多扣分不得超过各评审因素满分分值的40%。

2 招标文件

2.1 招标文件的构成

本招标文件包括:

(1)招标公告;

(2)投标人须知;

(3)评标办法;

(4)合同条款及格式；

(5)勘察设计技术要求；

(6)投标文件格式；

(7)“投标人须知前附表”规定的其他材料。

根据本章第1.10款、第2.2款和第2.3款对招标文件所作的澄清、修改，统称为“补遗书”，构成招标文件的组成部分。

当招标文件、招标文件的澄清或修改等在同一内容的表述上不一致时，以最后发出的书面文件为准。

2.2　招标文件的澄清

2.2.1　投标人应仔细阅读和检查招标文件的全部内容。如发现缺页或附件不全，应及时向招标人提出，以便补齐。如有疑问，应以书面形式要求招标人对招标文件予以澄清。

2.2.2　招标文件的澄清将在“投标人须知前附表”规定的投标截止时间15天前以书面形式发给所有购买招标文件的投标人，但不指明澄清问题的来源。如果澄清发出的时间距投标截止时间不足15天，相应延长投标截止时间。招标人有责任保证所有购买招标文件的投标人收到招标文件的澄清。

2.2.3　投标人在收到澄清后，应在“投标人须知前附表”规定的时间内以书面形式通知招标人，确认已收到该澄清。

2.3　招标文件的修改

2.3.1　在投标截止时间15天前，招标人可以书面形式修改招标文件，并通知所有已购买招标文件的投标人。如果修改招标文件的时间距投标截止时间不足15天，相应延长投标截止时间。招标人有责任保证所有购买招标文件的投标人收到招标文件的修改。

2.3.2　投标人收到修改内容后，应在“投标人须知前附表”规定的时间内以书面形式通知招标人，确认已收到该修改。

3　投标文件

3.1　投标文件的构成

3.1.1　投标文件采用的形式见“投标人须知前附表”。

3.1.2　双信封形式投标文件构成如下：

第一信封(商务及技术文件)：

第一卷　商务文件

(1)投标函；

(2)法定代表人身份证明或法定代表人的授权委托书;

(3)联合体协议书;

(4)投标保证金;

(5)拟分包项目情况表;

(6)资格审查表;

(7)其他材料;

第二卷　技术文件

(8)技术建议书。

第二信封(报价清单):

第三卷　报价清单

(1)报价函;

(2)报价清单说明;

(3)公路工程勘察工作报价清单表;

(4)公路工程设计工作报价清单表;

(5)报价清单汇总表。

3.1.4　“投标人须知前附表”规定不接受联合体投标的,或投标人没有组成联合体的,投标文件不包括本章第3.1.2项(3)目或3.1.3项(3)目所指的联合体协议书。

3.2　投标报价

3.2.1　投标人应根据《工程勘察设计收费标准》的相关规定以及本招标文件规定的勘察设计工作内容和计划工作量,自行测算勘察设计费用。

3.2.2　投标人应按第六章“投标文件格式”中的“报价清单”的要求填写相应表格。招标人设置最高、最低投标限价,以补遗书形式公布;同时,本项目投标人的投标报价不得高于(低于)招标人公布的最高(最低)投标限价(如有),否则作废标处理。

3.3　投标有效期

3.3.1　在“投标人须知前附表”规定的投标有效期内,投标人不得要求撤销或修改其投标文件。

3.3.2　出现特殊情况需要延长投标有效期的,招标人以书面形式通知所有投标人延长投标有效期。投标人同意延长的,应相应延长其投标保证金的有效期,但不得要求或被允许修改或撤销其投标文件;投标人拒绝延长的,其投标失效,但投标人有权收回其投标保证金。

3.4　投标保证金

3.4.1　投标人在递交投标文件的同时,应按“投标人须知前附表”规定的金额、担保形式和第六章“投标文件格式”规定的投标保证金格式递交投标保证金,并作为其投标文件的组成部分。联合体投标的,其投标保证金由牵头人递交,并应符合“投标人须知前附表”的规定。

投标保证金必须选择下列任一种形式:电汇或招标人规定的其他形式。

若采用电汇,投标人应在“投标人须知前附表”规定的投标保证金递交截止时间之前,将投标保证金由投标人的基本账户一次性汇入招标人指定账户,否则视为投标保证金无效。招标人指定账户的账户名称、开户银行及账号见“投标人须知前附表”。

3.4.2　投标保证金应在投标有效期满后30天内保持有效,招标人如果按本章第3.3.2项的规定延长了投标有效期,则投标保证金的有效期也相应延长。

3.4.3　投标人不按本章第3.4.1项和第3.4.2项要求提交投标保证金的,其投标文件作废标处理。

3.4.4　招标人最迟应当在与中标人签订合同后5日内,向未中标的投标人和中标人退还投标保证金。

3.4.5　有下列情形之一的,投标保证金将不予退还:

(1)投标人在规定的投标有效期内撤销或修改其投标文件;

(2)中标人在收到中标通知书后,无正当理由拒签合同协议书或未按招标文件规定提交履约担保;

(3)投标人不接受依据评标办法的规定对其投标文件中细微偏差进行澄清和补正;

(4)投标人提交了虚假资料。

3.5　资格审查表

3.5.1　投标人须按招标文件第六章“投标文件格式”中规定的表格内容填写资格审查表,并按各资格审查表的具体要求提供相关证件及证明材料。

3.5.2　“投标人须知前附表”规定接受联合体投标的,本章第3.5.1项规定的表格和资料应包括联合体各方相关情况。

3.5.3　投标人在投标文件中填报的主要人员不允许更换。

3.6　投标人信息的核查

招标人有权核查投标人在投标文件中提供的材料,若在评标期间发现投标人提供了虚假资料,招标人有权对投标人的投标文件作废标处理,并没收其投标担保;若在评标结果公示期间发现作为中标候选人的投标人提供了虚假资料,招标人有权取消其中标资格并没收其投标担保;若在合同实施期间发现投标人提供了虚假资料,招标人有权从合同价款或履约担保中扣除不超过5%签约合同价的金额作为违约金。同时招标人将投标人以上弄虚作假行为上报省级交通运输主管部门,作为不良记录纳入公路建设市场信用信息管理系统。

3.7　投标文件的编制

3.7.1　投标文件应按第六章“投标文件格式”进行编写,如有必要,可以增加附页,作为投标文件的组成部分。

3.7.2 投标文件应当对招标文件有关勘察设计周期、投标有效期、技术要求、招标范围等实质性内容作出响应。

3.7.3 投标文件正本应用不褪色的材料书写或打印。投标文件第二信封(报价清单)正本中的所有内容应由投标人的法定代表人或其委托代理人逐页签署姓名(本页正文内容已由投标人的法定代表人或其委托代理人签署姓名的可不签署)并逐页加盖投标人单位章(本页正文内容已加盖单位章的除外)。

3.7.4 如果投标文件由委托代理人签署,则投标人需提交法定代表人的授权委托书,授权委托书应按规定的书面方式出具,并由法定代表人和委托代理人亲笔签名,不得使用印章、签名章或其他电子制版签名代替。经公证机关对授权委托书中投标人法定代表人的签名、委托代理人的签名、投标人的单位章的真实性做出有效公证后,原件应装订在投标文件的正本之中。公证书出具的日期应与授权委托书出具的日期同日或在其之后。

如果由投标人的法定代表人亲自签署投标文件,则不需提交授权委托书,但应按规定的书面方式出具法定代表人身份证明,并由法定代表人亲笔签名,不得使用印章、签名章或其他电子制版签名代替。经公证机关对法定代表人身份证明中法定代表人的签名、投标人的单位章的真实性做出有效公证后,原件应装订在投标文件的正本之中。公证书出具的日期应与法定代表人身份证明出具的日期同日或在其之后。

以联合体形式参与投标的,投标文件正本由联合体牵头人的法定代表人或其委托代理人按上述规定签署并加盖联合体牵头人单位章。法定代表人授权委托书(如有)须由联合体牵头人按上述规定出具并公证。

投标文件应尽量避免涂改、行间插字或删除。如果出现上述情况,改动之处应加盖单位章或由投标人的法定代表人或其授权的代理人签字确认。

3.7.5 投标文件正本一份,副本份数见"投标人须知前附表"。正本和副本的封面上应清楚地标记"正本"或"副本"的字样。当副本和正本不一致时,以正本为准。

3.7.6 投标文件的正本与副本应分别装订成册,并编制目录且逐页标注连续页码。投标文件不得采用活页夹装订,否则,招标人对由于投标文件装订松散而造成的丢失或其他后果不承担任何责任。

4 投标

4.1 投标文件的密封和标志

4.1.1 本次招标采用双信封形式。第一信封(商务及技术文件)的正本与副本统一包装在一个内层封套中;第二信封(报价清单)的正本与副本及投标文件电子文件(如需要)统一包装在一个内层封套中,然后将第一、第二信封统一密封在一个外层封套中。

内层和外层封套均应加贴封条并在封口处加盖密封章。外层封套上不应有任何投标人的识别标志。

4.1.2　投标文件的内层封套上应清楚地标记“投标文件第一信封（商务及技术文件）”或“投标文件第二信封（报价清单）”，封套上应写明的其他内容见“投标人须知前附表”。

4.1.3　未按本章第4.1.1项和第4.1.2项要求对外层封套进行密封和加写标记的投标文件，招标人不予受理。

4.2　投标文件的递交

4.2.1　投标人应在本章第2.2.2项规定的投标截止时间前递交投标文件。

4.2.2　投标人递交投标文件的地点：见“投标人须知前附表”。

4.2.3　投标人所递交的投标文件不予退还。

4.2.4　招标人收到投标文件后，向投标人出具签收凭证。

4.2.5　逾期送达的或者未送达指定地点的投标文件，招标人不予受理。

4.2.6　在特殊情况下，招标人如果决定延后投标截止时间，应在“投标人须知前附表”规定的时间前，以书面形式通知所有投标人延后投标截止时间。在此情况下，招标人和投标人的权利和义务相应延后至新的投标截止时间。

4.3　投标文件的修改与撤回

4.3.1　在本章第2.2.2项规定的投标截止时间前，投标人可以修改或撤回已递交的投标文件，但应以书面形式通知招标人。

4.3.2　投标人修改或撤回已递交投标文件的书面通知应按照本章第3.7款的要求签字或盖单位章。招标人收到书面通知后，向投标人出具签收凭证。

4.3.3　修改的内容为投标文件的组成部分。修改的投标文件应按照本章第3条、第4条规定进行编制、密封、标记和递交，并标明“修改”字样。

5　开标

5.1　开标时间和地点

招标人将按照本章“投标人须知前附表”第5.1款规定的开标时间和地点分别对投标文件第一信封（商务及技术文件）和投标文件第二信封（报价清单）公开开标，并邀请所有投标人的法定代表人或其委托代理人准时参加。

投标人若未派法定代表人或委托代理人出席开标活动，或未在开标记录上签字，视为该投标人默认开标结果。

5.2　开标程序

5.2.1　主持人按下列程序对投标文件第一信封（商务及技术文件）进行开标：

(1)宣布开标纪律;

(2)公布在投标截止时间前递交投标文件的投标人名称,并点名确认投标人是否派人到场;

(3)宣布开标人、唱标人、记录人、监标人等有关人员姓名;

(4)按照“投标人须知前附表”规定检查投标文件的密封情况;

(5)按照“投标人须知前附表”的规定确定并宣布投标文件开标顺序;

(6)按照宣布的开标顺序当众开标,公布投标人名称、标段名称、投标函的相关内容,并记录在案;

(7)投标人代表、招标人代表、监标人、记录人等有关人员在开标记录上签字确认;

(8)开标会议结束。

5.2.2　若招标人宣读的内容与投标文件不符时,投标人有权在开标现场提出异议,经监标人当场核查确认之后,可重新宣读其投标文件。若投标人现场未提出异议,则认为投标人已确认招标人宣读的内容。

5.2.3　投标文件第二信封(报价清单)不予开封,并交监标人密封保存。

5.2.4　招标人将按照本章第5.1款规定的时间和地点对投标文件第二信封(报价清单)进行开标。主持人按下列程序进行开标:

(1)宣布开标纪律;

(2)当众拆开投标文件第一信封(商务及技术文件)评审结果的密封袋,宣布通过投标文件第一信封(商务及技术文件)评审的投标人名单,并点名确认投标人是否派人到场;

(3)宣布开标人、唱标人、记录人、监标人等有关人员姓名;

(4)按照“投标人须知前附表”规定检查投标文件的密封情况;

(5)按照“投标人须知前附表”的规定确定并宣布投标文件开标顺序;

(6)按照宣布的开标顺序对通过投标文件第一信封(商务及技术文件)评审的投标文件第二信封(报价清单)当众开标,公布投标文件第二信封(报价清单)的投标人名称、标段名称、投标报价,并记录在案;

(7)投标人代表、招标人代表、监标人、记录人等有关人员在开标记录上签字确认;

(8)开标会议结束。

5.2.5　第二信封(报价清单)开标过程中,若招标人发现投标人未在报价函上填写投标总价,招标人应如实记录并经监标人签字确认后提交给评标委员会。

5.2.6　若招标人宣读的内容与投标文件不符时,投标人有权在开标现场提出异议,经监标人当场核查确认之后,可重新宣读其投标文件。若投标人现场未提出异议,则认为投标人已确认招标人宣读的内容。

6　评标

6.1　评标委员会

6.1.1　评标由招标人依法组建的评标委员会负责。评标委员会由招标人熟悉相关业务的代表，以及有关技术、经济等方面的专家组成。评标委员会人数为5人以上单数，其中技术、经济等方面的专家人数应不少于成员总数的2/3，具体构成见“投标人须知前附表”。

6.1.2　评标委员会成员有下列情形之一的，应当回避：

(1)招标人或投标人的主要负责人的近亲属；

(2)项目主管部门或者行政监督部门的人员；

(3)与投标人有经济利益关系，可能影响对投标公正评审的；

(4)曾因在招标、评标以及其他与招标投标有关活动中从事违法行为而受过行政处罚或刑事处罚的。

6.2　评标原则

评标活动遵循公平、公正、科学、择优的原则。

6.3　评标

本项目采用的评标方法见“投标人须知前附表”。评标委员会按照第三章“评标办法”的规定对投标文件进行评审。第三章“评标办法”没有规定的方法、评审因素和评分值，不作为评标依据。

6.4　评标结果公示

评标结果在陕西省交通运输厅网站上公示。

7　合同授予

7.1　定标

除“投标人须知前附表”规定授权评标委员会直接确定中标人外，招标人依据评标委员会推荐的中标候选人确定中标人。

7.2　中标通知

在本章第3.3款规定的投标有效期内，招标人以书面形式向中标人发出中标通知书，同时将中标结果通知未中标的投标人。

7.3　履约担保

7.3.1　在签订合同前，中标人应按“投标人须知前附表”规定的金额、担保形式和招标文件第四章“合同条款及格式”规定的履约担保格式向招标人提交履约担保。联合体中标的,其履约担保由牵头人递交,并应符合“投标人须知前附表”规定的金额、担保形式和招标文件第四章“合同条款及格式”规定的履约担保格式要求。采用银行保函时,出具银行保函的银行级别在“投标人须知前附表”中说明,所需的费用由中标人承担,中标人应保证银行保函有效。

7.3.2 中标人不能按本章第7.3.1项要求提交履约担保的,视为放弃中标,其投标保证金不予退还,并由招标人将其行为上报省级交通运输主管部门,作为不良记录纳入公路建设市场信用信息管理系统。

7.4 签订合同

7.4.1 招标人和中标人应当自中标通知书发出之日起30天内,根据招标文件和中标人的投标文件订立书面合同。中标人无正当理由拒签合同的,招标人取消其中标资格,其投标保证金不予退还,并由招标人将其行为上报省级交通运输主管部门,作为不良记录纳入公路建设市场信用信息管理系统。

7.4.2 发出中标通知书后,招标人无正当理由拒签合同的,招标人向中标人退还投标保证金。

招标人不得以压低勘察设计费、增加工作量、缩短勘察设计周期等作为中标的条件,不得与中标人再行订立背离合同实质性内容的其他协议。

7.4.3 签约合同价的确定原则如下:

(1)按照评标办法规定对投标报价进行修正后,若修正后的最终投标报价小于第二信封开标时的报价函文字报价,则签订合同时以修正后的最终投标报价为准;

(2)按照评标办法规定对投标报价进行修正后,若修正后的最终投标报价大于第二信封开标时的报价函文字报价,则签订合同时以开标时的报价函文字报价为准,同时按比例修正相应子目的单价或合价。

7.4.4 合同协议书经双方法定代表人或其授权的代理人签署并加盖单位章后生效。若为联合体投标,则联合体各成员的法定代表人或其授权的代理人都应在合同协议书上签署并加盖单位章。发包人和中标人在签订合同协议书的同时需按照本招标文件规定的格式和要求签订廉政合同,明确双方在廉政建设方面的权利和义务以及应承担的违约责任。

7.4.5 如果根据本章第3.6款、第7.3.2项或第7.4.1项规定,招标人取消了中标人的中标资格,在此情况下,招标人可将合同授予下一个中标候选人,或者按规定重新组织招标。

8 重新招标和不再招标

8.1 重新招标

有下列情形之一的,招标人将重新招标:

(1)投标截止时间止,投标人少于3个的;

(2)经评标委员会评审后否决所有投标的;

(3)中标候选人均未与招标人签订合同的;

(4)法律规定的其他情形。

8.2　不再招标

重新招标后投标人仍少于3个或者所有投标被否决的,属于必须审批或核准的工程建设项目,经原审批或核准部门批准后不再进行招标。

9　纪律和监督

9.1　对招标人的纪律要求

招标人不得泄漏招标投标活动中应当保密的情况和资料,不得与投标人串通损害国家利益、社会公共利益或者他人合法权益。

9.2　对投标人的纪律要求

投标人不得相互串通投标或者与招标人串通投标,不得向招标人或者评标委员会成员行贿谋取中标,不得以他人名义投标或者以其他方式弄虚作假骗取中标;投标人不得以任何方式干扰、影响评标工作。

9.3　对评标委员会成员的纪律要求

评标委员会成员不得收受他人的财物或者其他好处,不得向他人透漏对投标文件的评审和比较、中标候选人的推荐情况以及评标有关的其他情况。在评标活动中,评标委员会成员不得擅离职守,影响评标程序正常进行,不得使用第三章“评标办法”没有规定的评审因素和标准进行评标。

9.4　对与评标活动有关的工作人员的纪律要求

与评标活动有关的工作人员不得收受他人的财物或者其他好处,不得向他人透漏对投标文件的评审和比较、中标候选人的推荐情况以及评标有关的其他情况。在评标活动中,与评标活动有关的工作人员不得擅离职守,影响评标程序正常进行。

9.5　投诉

投标人和其他利害关系人认为本次招标活动违反法律、法规和规章规定的,有权向有关行政监督部门投诉。

监督部门的联系方式见“投标人须知前附表”。

10　其他规定

10.1　自购买招标文件之日起,投标人应保证其提供的联系方式(电话、传真、电子邮件)一直有效,以保证往来函件(招标文件的澄清、修改等)能及时通知投标人,并能及时反馈信息,否则招标人不承担由此引起的一切后果。

需要补充的其他内容:见“投标人须知前附表”。

附件 1

工程概况及招标范围

一、相关区域路网现状及规划(包括道路及交通工程设施现状及规划)

二、建设规模及技术标准

三、招标范围(标段划分及主要工作内容)

四、招标项目位置示意图

附件 2

勘察设计原始资料

一、招标人向各投标人提供下列原始文件

前一阶段研究或设计的成果文件及相应的批件(复印件)各一份。

二、下述资料由投标人依据设计需要自行搜集

公路工程(不含交通工程)勘察设计:

投标人应根据实际需要,自行搜集或购买全部地形图、地质图、规划图及所涉及的其他图纸或资料,自费进行工程测量、工程勘察、研究试验及有关协调(包括签订协议)、调查和资料搜集等工作。

公路工程(交通工程)勘察设计:

1. 相关路网交通工程设施的配置资料(包括通信、监控、收费、供配电、照明等设施)。

2. 沿线供电资料。

3. 沿线管线资料。

4. 沿线气象、环境、人文景观的有关资料。

5. 相关路网的管理运营体制资料。

6. 相关路网服务设施设置情况的资料。

7. 与交通工程相关的规划资料。

附表一：

________（项目名称）____标段勘察设计第一信封（商务及技术文件）开标记录表

开标时间：________年____月____日____时____分

序　号	投 标 人	送达情况	密封情况	项目负责人	是否参加第二信封开标	备　注	签　名

招标人代表：________　　记录人：________　　监标人：________

________年____月____日

附表二：

______(项目名称)______标段勘察设计第二信封(报价清单)开标记录表

开标时间：______年____月____日____时____分

序　号	投标人	投标报价	备　注	签　名

招标人代表：________　　记录人：________　　监标人：________

________年____月____日

附表三：

问题澄清通知

编号：

____________（投标人名称）：

____________（项目名称）勘察设计招标的评标委员会，对你方的投标文件进行了仔细的审查，现需你方对下列问题以书面形式予以澄清：

1.

2.

……

请将上述问题的澄清于________年____月____日____时前递交至____________（详细地址）或传真至______________（传真号码）。采用传真方式的，应在________年____月____日____时前将原件递交至____________（详细地址）。

__________（项目名称）勘察设计招标评标委员会

招标人：__________________________（盖单位章）

________年____月____日

附表四:

问题的澄清

编号:

____________(项目名称)勘察设计招标评标委员会:

问题澄清通知(编号:____________)已收悉,现澄清如下:

1.

2.

……

投标人:__________________________(盖单位章)

法定代表人或其委托代理人:____________(签字)

________年____月____日

附表五：

中标通知书

____________（中标人名称）：

你方于____________（投标日期）所递交的____________（项目名称）____________标段勘察设计投标文件已被我方接受，被确定为中标人。

中标价：____________元。

勘察设计周期：____________。

项目负责人：____________（姓名）。

请你方在接到本通知书后的____日内到____________（指定地点）与我方签订勘察设计合同，在此之前按招标文件第二章“投标人须知”第 7.3 款规定向我方提交履约担保。

特此通知。

招标人：______________（盖单位章）

招标代理：____________（盖单位章）

________年____月____日

附表六：

中标结果通知书

____________(未中标人名称)：

我方已接受______________(中标人名称)于____________(投标日期)所递交的____________(项目名称)____________标段勘察设计投标文件，确定____________(中标人名称)为中标人。

感谢你单位对我们工作的大力支持！

招标人：______________(盖单位章)

招标代理：____________(盖单位章)

________年____月____日

附表七：

确 认 通 知

____________（招标人名称）：

我方已接到你方________年____月____日发出的________________（项目名称）____________标段勘察设计招标关于____________的通知，我方已于________年____月____日收到。

特此确认。

投标人：____________（盖单位章）

________年____月____日

第三章　评标办法（综合评估法Ⅰ）

第三章　评标办法(综合评估法Ⅰ)

评标办法前附表

条款号	条款名称	评审因素与评审标准
2.2	第一信封 资格审查	(1)投标人具备有效的营业执照和基本账户开户许可证; (2)投标人的资质证书有效且等级符合第二章“投标人须知前附表”附录1的规定; (3)投标人的业绩符合第二章“投标人须知前附表”附录2的规定; (4)投标人的主要人员资格符合第二章“投标人须知前附表”附录3的规定; (5)投标人不存在第二章“投标人须知”第1.4.3项规定的情形; (6)以联合体形式参与投标的,联合体各方均未再以自己名义单独或参加其他联合体在同一标段中投标;独立参与投标的,投标人未同时参加联合体在同一标段中投标
2.3	第一信封 初步评审	(1)投标文件按照招标文件规定的格式、内容填写,字迹清晰可辨; (2)投标文件上法定代表人或其授权代理人的签字、投标人的单位章齐全,符合招标文件规定; (3)投标人按照第二章“投标人须知”第3.4.1项和第3.4.2项规定的金额、形式、时间和账户等要求提供了投标保证金; (4)投标人按照第二章“投标人须知”第3.7.4项的规定,提供了法定代表人的授权委托书或法定代表人身份证明,并附有公证机关出具的加盖钢印、单位章并盖有公证员签名章的公证书,钢印应清晰可辨,同时公证内容完全满足招标文件规定; (5)投标人以联合体形式投标时,符合第二章“投标人须知”第1.4.2项规定; (6)投标人按第六章“投标文件格式”的规定填写了“拟分包项目情况表”,且符合第二章“投标人须知”第1.11款规定; (7)投标文件载明的招标项目完成期限未超过招标文件规定的时限; (8)投标文件中未出现有关投标报价的内容; (9)投标文件没有对招标人的权利提出削弱性或限制性要求,没有对投标人的责任和义务提出实质性修改; (10)投标文件未附有招标人不能接受的条件

续上表

<table>
<tr><th>条款号</th><th>条款名称</th><th>评审因素与评审标准</th></tr>
<tr><td>2.5</td><td>第一信封
详细评审</td><td>评审因素 评分值
(1) 投标文件第一信封(商务文件): 45 分
a. 投标人与本项目相关的具体业绩 20 分
b. 拟投入本项目的人员资格和能力 20 分
c. 投标人的信誉 5 分
(2)投标文件第一信封(技术文件): 45 分
d. 对招标项目的理解和总体设计思路 5 分
e. 招标项目勘察设计的特点、关键技术问题的认识及其对策措施 15 分
f. 勘察设计工作量及计划安排 5 分
g. 勘察设计的质量保证措施、进度保证措施 10 分
h. 后续服务的安排及保证措施 10 分</td></tr>
<tr><td>2.7</td><td>第二信封
初步评审</td><td>(1)第二信封(报价清单)按照招标文件规定的格式、内容填写,字迹清晰可辨,内容齐全完整;
(2)第二信封(报价清单)中法定代表人或其授权代理人的签字、投标人的单位章齐全,符合招标文件规定;
(3)在报价函上填写了投标总价(包括大写金额和小写金额),投标总价不高于招标人公布的最高投标限价(如有),且报价唯一;
(4)未修改招标人给定的暂列金额(如有)</td></tr>
<tr><td>2.10</td><td>第二信封
详细评审</td><td>评审因素 评分值
(3)投标文件第二信封(报价清单): 10 分
i. 投标价 10 分</td></tr>
<tr><td>2.12</td><td>评标结果</td><td>推荐的中标候选人的人数为 3 名</td></tr>
</table>

评审因素与评分值①					评分标准
序号	评审因素	评审因素评分值	各评审因素细分项	分值	
a.	投标人与本项目相关的具体业绩	20分	类似勘察及设计项目业绩	20分	根据投标人完成类似业绩情况进行评审
b.	拟投入本项目的人员资格和能力	20分	项目负责人任职资格与业绩	10分	根据投标人申报情况评审
			各分项负责人任职资格与业绩	10分	根据投标人申报情况评审
c.	投标人的信誉	5分	履约信誉	5分	根据投标人有无不良信誉记录及在以往设计过程中所获得相关奖项评审
d.	对招标项目的理解和总体设计思路	5分	对招标项目的理解和总体设计思路	5分	从对招标项目的理解和总体设计思路等方面评审
e.	招标项目勘察设计的特点、关键技术问题的认识及其对策措施	15分	招标项目勘察设计的特点、关键技术问题的认识及其对策措施	15分	从勘察设计的特点、关键技术问题的认识及其对策措施等方面评审
f.	勘察设计工作量及计划安排	5分	勘察设计工作量及计划安排	5分	从勘察设计工作量及计划安排等方面评审
g.	勘察设计的质量保证措施、进度保证措施	10分	勘察设计的质量保证措施、进度保证措施	10分	从勘察设计的质量保证措施、进度保证措施等方面评审

① 各评审因素(投标价除外)得分均不应低于其评分满分值的60%,且各评审因素得分应以评标委员会各成员的打分平均值确定,该平均值以去掉一个最高分和一个最低分后计算。

续上表

<table>
<tr><th colspan="5">评审因素与评分值</th><th rowspan="2">评 分 标 准</th></tr>
<tr><th>序号</th><th>评审因素</th><th>评审因素评分值</th><th>各评审因素细分项</th><th>分值</th></tr>
<tr><td>h.</td><td>后续服务的安排及保证措施</td><td>10 分</td><td>后续服务的安排及保证措施</td><td>10 分</td><td>从后续服务的安排及保证措施等方面评审</td></tr>
<tr><td rowspan="3">i.</td><td rowspan="3">投标价得分</td><td rowspan="3">10 分</td><td colspan="3">投标价的确定:投标价 = 报价函文字报价</td></tr>
<tr><td colspan="3">评标基准价的确定:按第一信封(商务及技术文件)评审得分由高到低的顺序,对投标人的第二信封(报价清单)通过初步评审及算术性修正后的前三名(若不足 3 名,则选取相应数量)投标人投标价作算术平均,将该平均值作为评标基准价</td></tr>
<tr><td colspan="3">投标价得分计算公式示例:
(1)如果投标人的投标价 > 评标基准价,则投标价得分 = F -(投标人投标价 - 评标基准价)/评标基准价 × 100 × E_1;
(2)如果投标人的投标价 ≤ 评标基准价,则投标价得分 = F +(投标人投标价 - 评标基准价)/评标基准价 × 100 × E_2。
其中 F 是投标价所占的评分满分值,E_1 是投标价每高于评标基准价一个百分点的扣分值,E_2 是投标价每低于评标基准价一个百分点的扣分值,E_1 = 2、E_2 = 1,投标价最低得分为 0 分</td></tr>
</table>

1　总则

本次评标采用综合评估法Ⅰ。评标委员会对满足招标文件实质性要求的投标文件,按照本章第2条规定的评分标准进行打分,并按得分由高到低顺序推荐中标候选人。

2　评标程序和评审标准

2.1　评标程序

评标工作按以下程序进行:

2.1.1　第一信封资格审查;
第一信封初步评审;
第一信封澄清(如果需要);
第一信封详细评审。

2.1.2　第二信封初步评审;
第二信封算术性修正;
第二信封澄清(如果需要);
第二信封详细评审。

2.1.3　综合评价,推荐中标候选人。

2.1.4　编写评标报告。

2.2　第一信封资格审查

评标委员会首先对投标人提交的资格审查表进行审查,有一项不符合评审标准的,作废标处理。通过资格审查的标准见"评标办法前附表"。

评标委员会可以要求投标人提交第二章"投标人须知"第3.5.1项规定的有关证明和证件的原件,以便核验。

2.3　第一信封初步评审

评标委员会对通过资格审查的投标文件第一信封(商务及技术文件)进行初步评审,有一项不符合评审标准的,作废标处理。通过初步评审的标准见"评标办法前附表"。

2.4　第一信封澄清

在评标过程中,评标委员会可以书面形式要求投标人对所提交投标文件中含义不明确、对同类问题表述不一致或者有明显文字错误的内容作必要的澄清、说明或者补正。评标委员会不接受投标人主动提出的澄清、说明或补正。

澄清、说明或者补正应以书面方式进行并不得超出投标文件的范围或者改变投标文件的实质性内容。投标人的书面澄清、说明和补正属于投标文件的组成部分。

评标委员会对投标人提交的澄清、说明或补正有疑问的,可以要求投标人进一步澄清、说明或补正,直至满足评标委员会的要求。凡超出招标文件规定的或给发包人带来未曾要求的利益的变化、偏差或其他因素在评标时不予考虑。

2.5 第一信封详细评审

评标委员会只对通过初步评审的投标文件第一信封(商务及技术文件)进行详细评审。评标委员会按“评标办法前附表”规定的评审因素和评分值进行评分,并计算出各投标人的商务和技术得分。

2.6 第二信封开标

第一信封(商务及技术文件)评审结束后,招标人将按照第二章“投标人须知”第5.1款规定的时间和地点对通过投标文件第一信封(商务及技术文件)评审的投标文件第二信封(报价清单)进行开标。

2.7 第二信封初步评审

评标委员会对通过投标文件第一信封(商务及技术文件)评审的投标文件第二信封(报价清单)进行初步评审,有一项不符合评审标准的,作废标处理。通过初步评审的标准见“评标办法前附表”。

2.8 第二信封算术性修正

评标委员会将对通过投标文件第二信封(报价清单)初步评审的投标人的投标报价进行校核,并对其中的算术性错误予以修正。修正的原则如下:

(1)大写金额与小写金额不一致的,以大写金额为准;

(2)单价金额与数量相乘与合价金额不一致的,以单价金额为准;如果单价金额有明显的小数点位置差错,应以标出的合价金额为准,同时对单价金额予以修正;

(3)合价金额累计与总价金额不一致的,以合价金额为准,修正总价金额。

2.9 第二信封澄清

算术性修正后的报价如果与投标人原报价不同,评标时将书面通知投标人进行澄清,投标人应确认算术性修正后的报价;如投标人拒绝确认,则其投标文件将不予评审,按废标处理,同时没收其投标担保。修正后的最终投标报价仅作为签订合同的一个依据,不参与投标价得分的计算。

修正后的最终投标报价若超过最高投标限价(如有),投标人的投标文件作废标处理。

2.10 第二信封详细评审

计算所有通过第二信封(报价清单)初步评审以及算术性修正后的投标人的投标价

得分。投标价得分的计算方法见“评标办法前附表”。

2.11　评标排序

评标委员会成员应当按照评标办法的规定，独立评分并署名。各投标人的综合得分为商务和技术得分与报价得分之和。按照综合得分由高到低的顺序，评标委员会对投标人进行排名。如最终得分相同时，则取投标文件第一信封（商务及技术文件）得分较高的优先。

2.12　评标结果

评标委员会应当在评标工作完成后，按“评标办法前附表”规定的人数推荐中标候选人并向招标人提交书面评标报告。

第四章　合同条款及格式

第一节　通用合同条款

［采用交通运输部颁布的《公路工程标准勘察设计招标文件(2011 年版)》］

第二节　专用合同条款

根据本项目的具体情况,对通用合同条款的内容作如下补充、细化:

1. 定义和解释

1.1　本次进行勘察设计招标的项目为____________高速公路工程勘察设计。标段划分为____个标段。

1.2　发包人:陕西省交通建设集团公司。

1.10　本合同包括的具体勘察设计内容:____________。

1.11　本合同包括的勘察报告:____________。

1.12　本合同包括的设计文件:____________。

3. 设计人的责任与义务

3.1.1　在本款末增加以下内容:

根据本项目特点,本次工程勘察设计特制订以下特殊要求:

(1)本项目工程设计内容、深度、文件编制均应分别符合交通运输部《公路工程基本建设项目设计文件编制办法》(最新版本)、交通运输部《公路工程基本建设项目设计文件编制办法》(部分修订)"高速公路交通工程及沿线设施部分"(公设技字〔1998〕097号)、《公路工程设计图表示例》及陕西省交通运输厅下发的《陕西省公路建设工程质量工作要点》(2009年版)、《陕西省高速公路网综合监控系统建设指导意见》等关于设计的有关规定。若设计人正式提交的勘察资料和设计文件不能满足上述规范、规程、办法、示例要求时,业主将根据设计人遗漏实物工作量和不符合质量要求的情况扣除相应勘察设计费用。同时,设计人还应在期限内无偿完善勘察设计,直到满足审定要求为止。

(2)本项目位于____________区域,设计人应精心勘察,精心设计,选定技术先进、安全可靠、适用耐久、经济合理的工程方案。在初步设计阶段,应充分吸收环境保护评估报告、水土保持评估报告、地质灾害评估报告、抗震评估报告、文物评估报告、压矿评估报告和防洪评估报告中的意见,避免路线穿越文物保护区、矿产资源区、采空区、高压电塔或变电站,同时桥梁跨径还应满足防洪评估报告的要求。同时,设计人必须逐项落实本项目环评报告批复意见与要求,在施工方案、便桥便道、取弃土场地和洞渣处治等方面具体明确环保(含水保)要求。临时保通方案合理可行。应将环保、水保批复的硬性指标纳入施工图设计,避免与环保、水保验收脱节。

(3)设计人应严格执行有关地质勘察规范和相关试验规程,确保完成相应地勘工作量,深化工程地质、水文地质勘察和专项研究,完备有关基础资料,精确计算洪水汇水面积和流量，以正确指导公路防护设计，招标人将对此项工作进行单项验收。

（4）设计人应对大型桥梁建立符合相应精度要求和相对独立的控制导线，按规定埋设固定桩志（号）。设计人应对大型桥隧进行多方案比选，提出技术经济比选成果表。特大桥梁应有桥位、桥型和孔跨方案比选。同时，设计人应及时完成大型或复杂工程的技术设计（若有）。主线和匝道桥梁原则上应设计双柱墩。当桥墩位于河道中影响泄洪时，可采用单、双柱墩间隔设置的方式（单柱墩不允许连续出现）。同时，单柱墩应设置双支座或多支座，单柱墩盖梁配筋应严格满足设计要求。桥梁现浇混凝土护栏，顶部采用矩形或弧形圆角。桥梁上跨耕地、居民、集镇、便道、水库等设施时，应集中排水。桥梁设计应满足交通运输部颁发的现行《公路桥梁抗震设计细则》（JTG/T B02-01）的要求，并应在盖梁防震挡块的内侧设计减震消能垫块。

隧道与桥及路基相接时，均应保证行车道中心线线性连续。沿车辆行驶前进方向，当桥梁与中、长隧道相接时，桥梁护栏渐变，使护栏顶内侧与隧道内壁对齐。当中、长隧道与桥梁相接时，如桥梁长度小于100m，桥梁净宽与隧道净宽相同；如桥梁长度大于100m，对桥梁护栏进行渐变后，桥梁净宽增至规范值。当路基和中、长隧道相接时，对路基进行渐变，路基护栏与隧道内壁对齐。

（5）设计人应协同配合，全面履行合同义务。设计人应按合同要求和设计阶段制订并执行勘察设计作业计划、质量保证体系、重要管理点及其对策措施。

（6）设计人有配合业主开展本项目前期工作的义务，及时按照业主的要求提供资料，并进行现场说明和会议汇报工作，保证本项目前期各专项技术评估工作快速顺利进行，由此可能发生的一切相关费用均应计入投标价中，业主将不另行支付。

（7）设计人应根据现场情况合理设计施工便道、便桥，并提供相应的设计图纸和概预算，同时对设计文件中应提供的标准试验附相关的试验资料。由此可能发生的一切相关设计费用均应计入投标价中，业主将不另行支付。

（8）初测阶段设计人应对地形横坡大于30°的地段，以及特大桥、特长隧道（如有）、大型互通立交、不良地质或大型防护工程区段进行实地放线，实测纵、横控制性断面，以控制上报的初步设计方案及投资，减少工程变更。

（9）边坡大于20m的高填深挖路基以及滑坡、崩塌、岩溶、泥石流、膨胀土及采空区等不良地质区段应严格按规程、规范采用工程地质测绘、物探、原位测试、取样试验等综合工程地质勘探手段进行专项工程地质勘察，加密勘探点位，在获取准确、完整的岩土物理力学参数的基础上进行稳定性分析验算。设计人据此进行针对性加固工程设计，同时应提供详细的工程设计图表和工程数量。沿河路段应保证合理的路基设计高程，加强防护工程设计，并应注意弃方处理，保护河道和沿线自然环境。要调查清楚冲刷线高程，确保沿河挡墙基础埋设在冲刷线以下至少1m或嵌入微风化基岩内，必要时增加护坦，使沿河挡墙具有足够的抗洪水冲刷能力。路基边坡排水必须引入附近河道、沟渠，不能只做到红线范围。

（10）高速公路主线紧急停车带路面下面层宜采用级配碎石，中、上面层采用沥青层,级配碎石下面层上应施作煤油稀释沥青透层和同步碎石封层。绿化工程应选择当地适生树种,立交区和服务区适当种植大树,进行点缀。隧道装修要遵循美观耐用和节约费用的原则,减少瓷砖装修,多用涂料装修。隧道拱顶应采用亚光涂料,涂层不宜太厚,以防止脱落。隧道装修的瓷砖和涂料应在设计文件中明确严格的原材料要求和施工工艺要求,瓷砖应采用全瓷通体亚光瓷砖。桥面铺装钢筋网应设计成符合国家质量标准的钢筋现场绑扎焊接加工的形式,不得采用工厂成型的冷轧钢筋网片。桥梁伸缩缝应在混凝土内设置排水管,以排除渗入伸缩缝内的内部滞水。房建工程应有室内精装修设计,遵循"四个一工程"建设,即建设一个居住舒适的宿舍,一个环境卫生、饭菜美味可口的职工食堂,一个环境条件优良、方便学习知识的图书馆,一个具备良好洗浴条件的浴室。标线工程应避免采用彩色防滑标线。服务区加油站内加油机布设间距要充分考虑长车及超长车加油需要,避免由于加油机间距太小导致载货车不能同时加油。隧道洞门设计要做到一洞一图,实现零开挖,边坡达到一坡一图,业主要对此进行专项评审。要针对长大纵坡、超重载交通、桥面的沥青铺装层等特殊路段进行专项设计,并对特殊路段路面设计、公路设计防洪评估、路基高边坡整体稳定性、桥梁岸坡及隧道边仰坡防护等工作进行详细论证和验算。

(11)即使设计施工图获得批复后,招标人仍然会对绿化工程、交安工程、桥隧装修、机电工程、隧道洞门、高边坡防护、大型滑坡治理、特殊路面、房建及装修等进行专项评审,投标人应按专项评审意见对相应工程进行细化设计,并提交专项施工图设计,由此发生的费用均应计入投标报价中,业主不再另行支付。

(12)隧址区地质条件复杂,设计人应采用工程地质测绘、物探、钻探、原位测试、取样试验等综合工程地质勘察手段,详细查明隧址区地质构造、地层岩性、水文地质条件、不良及特殊地质问题,及时发现断层破碎带的准确位置,确保隧道线位尽量避开断层破碎带;准确划分围岩类别,并结合隧址区具体条件提出需要进行地质超前预报、现场监控量测和动态设计的区段及项目(指针),确保工程顺利实施。要加强对隧道口侧面冲沟的水文调查工作,合理设计隧道口泄洪构造物,确保隧道免遭泥石流冲击。

(13)地形、地质条件复杂的桥梁基础、隧道,以及特殊路基和不良地质(如岩溶、滑坡、采空区等)等隐蔽性工程处治以及高大桥梁的墩台防护应进行动态设计,设计人应派遣专业工程师及相应设备、软件跟踪施工,将勘察设计贯穿施工全过程,保证安全且经济合理。应尽量避免将墩柱放入山区河道中央,确实无法避免的,应对墩柱进行防护,同时对河道进行改移,避免洪水夹杂的巨石砸坏墩柱。对墩柱穿越集镇、地方道路等与车辆有冲突的位置,应设置防护,避免撞坏墩柱。

(14)设计人应对长大隧道通信、监控、通风、照明、消防、救援系统进行统筹考虑增加联动控制,确保运营安全。隧道检修道侧壁上的LED诱导灯应采用反光膜代替,以防止被车辆破坏,造成不必要的浪费。

(15)初步设计文件及概算应分设计标段编制,并应由负责总体设计的单位编制汇总。施工图设计文件及预算应按施工标段分合同段编制,并应由负责总体设计的单位编制汇总。

a)承担全线总体设计的设计人,除完成本合同段的勘察设计工作外,还应负责全线的总体设计以及勘察设计文件的汇总工作,包括统一协调勘察文件的编制工作,编制汇总设计文件和总概(预)算,以及对服务区、停车区、景观点、收费站等进行选位和规划,对当地电网状况进行重点调查,对施工临时用电和永久性用电做出系统规划和设计,并对全线工程设计的整体性负责,应制定设计工作大纲,统一全线设计标准,全面协调总体设计方案、各专业的设计标准、重要线位的比较、主要设计参数的选择等,提出统一指导性意见,指导全线设计。由此可能发生的一切相关费用均应计入投标报价中,业主将不另行支付。若不能按照业主要求的时间期限提供总体设计资料,将视为承担全线总体设计的设计人违约,按通用条款5.2款规定办理。

b)各标段的设计人在勘察设计过程中,应了解陕西省工程特点,积极采纳工程设计中先进的成功经验,配合总体设计人的工作,按总体设计人的要求提供各种中间勘察设计成果或资料,并对其提供的资料和成果负责。各标段的设计人应提前20天将设计成果提交总体设计单位汇总。机电设计单位在总体设计单位提供的总体方案基础上进行设计,必须达到能够照图施工、照图安装的深度。各标段设计人为配合上述工作可能发生的一切费用,均应计入投标人的投标报价中,业主将不另行支付。若超过本款规定的期限未完成任务,将视为设计人违约,按通用条款5.2款规定办理。

(16)设计人应在收到业主或业主委托的咨询审查单位或业主的上级主管部门提出的审查意见后15天内,完成勘察设计文件的修改工作,并按合同书要求数量出版修编后的全套勘察设计文件和概、预算文件。若超过本款规定的期限,将视为设计人违约,按通用条款5.2款规定办理。设计咨询单位审查的内容和深度应严格按照省厅“关于印发《陕西省高速公路项目‘双院制’咨询审查内容和深度规定》的通知”(陕交函〔2009〕319号)执行。设计咨询单位在初步设计阶段应提供独立的平纵面设计,施工图设计阶段应对连续刚构桥、现浇桥、特大桥、特长隧道、滑坡及高边坡防护设计进行力学验算,并提供验算报告。

(17)地质勘察质量控制:

a)地勘工作质量是确保工程设计质量的前提和基础。设计人地质调绘、钻探、物探等工作布置与质量要求,均应符合《公路工程地质勘察规范》(JTJ 064—98)的有关规定;

b)设计人对地质条件复杂的大型桥梁以及较大规模的地质灾害整治或特殊路基,应有专题地质勘察资料;

c)设计人对地质勘察应有全过程质量监控体系,提出相应的质量要求、标准和对策措施;

d)工程设计必须以地勘报告为地质依据。施工过程若发现实际取得的地质成果与现场揭示地质情况不符,在无特殊原因时,设计人应负质量责任,并无条件进行补勘,不另计费用。由于设计人地勘深度或设计深度不足原因引起的设计变更及造成的工程损失,其相关费用由设计人承担;

e)初勘阶段,地质钻孔的数量和深度应满足《公路工程地质勘察规范》(JTJ 064—98)的要求,具体要求如下:

首先,初勘阶段桥位钻孔数量和深度应满足下表的要求:

桥位钻孔数量与深度表

桥梁按跨径分类	工程地质条件简单		工程地质条件复杂	
	孔数(个)	孔深(m)	孔数(个)	孔深(m)
中桥	2~3	10~30	3~4	20~35
大桥	3~5	15~40	5~7	35~50
特大桥	5~7	20~50	7~10	40~120

其次,初勘阶段隧道钻孔数量和深度应满足下列要求:

①钻孔布置:钻孔的数量和位置应根据遥感信息或区域地质资料分析以及调绘、物探所发现的疑点、重点、异常点拟定。对于地质复杂的隧道,钻孔数量不应少于3个,长、特长隧道每500m应有一个钻孔。对不同岩性、不良水文地质段(如长断层、破碎带、具有膨胀性围岩等)应布置钻孔及地质样品试验参数,以利围岩准确分级。

②钻孔深度:根据钻探目的和具体情况而定,一般应钻到设计洞底标高以下5m;遇溶洞、暗河及不良地质时,应根据需要加深,一般应穿过溶洞、暗河等地层5m;若遇到含油地层、瓦斯地层,钻孔深度以钻到设计洞底10m为宜。

f)详勘阶段,桥位钻孔数量和深度应满足《公路工程地质勘察规范》(JTJ 064—98)第6.3.3条的要求;隧道钻孔的数量和要求应满足该规范第6.4.7条的要求。

g)设计人应在设计评审前,提供盖公章的地勘工作数量表(内容包括各结构物的地质钻孔数量、钻孔深度、钻孔间距等)。若初勘和详勘阶段地勘深度不够,如钻孔数量和深度等指标不满足《公路工程地质勘察规范》(JTJ 064—98)的有关规定时,设计人必须在业主规定的时间内重新补充完善,并根据实际情况按相应地勘工作合同价的5%~10%扣除设计人的违约金。

(18)交通安全设施的设计应根据陕西省交通厅《关于全省高速公路路线命名和编号调整及规范交通标志设置工作有关问题的通知》(陕交函〔2008〕642号)中的要求执行。服务区的设计要根据《陕西省交通厅关于服务区建设有关问题的通知》(陕交发〔2006〕520号)、《陕西省高速公路服务区布局及设计指南》的要求进行设计,功能布局符合高速公路使用和管理的要求,中央分隔带采用工程防眩设施取代中央分隔带绿化。

(19)机电工程设计应符合《陕西省高速公路联网收费、通信、监控系统总体规划》、《陕西省高速公路联网收费暂行技术要求》、《陕西省公路计重收费技术要求(暂行)》、《陕西省高速公路网综合监控系统建设指导意见》、《陕西省高速公路隧道照明系统设计指导意见(试行)》、《关于建设项目收费站出口应用静态秤有关要求的通知》和《陕西省交通建设集团公司关于在收费站入口车道建设全自动无人值守发卡机系统的通知》中的要求执行。双向四车道高速公路照明工程应采用单光带设计。在收费站出口要采用动静结合、以静为主的设置原则来设计静态称重设备，收费车道出口静态秤的设置比例达到75% ~80%。在收费站入口车道要设计全自动无人值守发卡机系统。机电设计人应在施工招标前就完成两阶段施工图，达到施工深度，招标人不允许进行联合设计。

(20)本项目的勘察设计工作，应考虑陕西省高速公路监控、通信及收费系统的联网需要，设计人为履行上述义务而可能发生的一切费用均应计入勘察设计报价中，业主将不另行支付。

(21)设计人在施工过程中，应积极配合业主或业主委托单位进行工程变更设计。一般变更应在接到变更通知后 7 天内完成，复杂变更应在接到变更通知后 15 天内完成。若超过本款规定的期限，将视为设计人违约，按通用条款 5.2 款规定办理。

(22)设计人在施工图设计阶段，要根据不同地质结构以及相应的工程规模进行桥梁桩基试桩。通过试桩验算校核桩基参数选择的合理性，优化桩基设计。由此可能发生的一切相关费用均应计入投标价中，业主将不另行支付。

(23)为便于施工过程中设计变更以及业主编制本项目竣工文件需要，设计人应向业主提供一份最终成果的计算书、一套包括各类构造物的 1∶2 000 地面数字模型(DTM)光盘和移动硬盘、两套全部存盘图纸的光盘和移动硬盘。数据格式及制图软件应采用 AutoCAD 兼容软件。

(24)设计审查单位工作重点及要求：必须对路线平纵面进行优化、复核；对特殊地基、高填方路基边坡进行验算；桥梁的桩基础、配筋、跨度进行验算，对桥型进行合理的比对；隧道洞门方案、隧道围岩分级参数进行审查；综合排水系统进行充分的论证等。

(25)设计单位应按时向业主提交公路征迁图、招标工程量清单资料、招标图纸，并按时完成公路界桩的预制和埋设工作。在提供书面设计招标文件的同时还应提供全套设计文件的电子版，保证电子版在 Microsoft Office、AutoCAD 等常规软件下能正常使用，不得进行格式转换。上述工作费用应包含在投标文件勘察设计费用中，不再另行计量支付。

3.4　后续服务

3.4.2　将本款修改为：

设计人应在施工现场设立代表处或派驻经验丰富的设计代表常驻施工现场，做好施工现场服务，并负责解决施工过程中出现的设计问题：

(1)开工前在发包人指定的时间内，做好设计文件的技术交底工作和现场控制点的交接工作(交桩)，解释施工图设计理念并提供施工图设计方案咨询；

(2)在发包人规定的时间内有能力及时处理与解决施工中与设计有关的问题，包括修改完善设计或一般性变更设计，设计代表应对设计成果在工程实践中落实情况予以关注，并对施工程序、工艺质量未达到设计要求的问题，有权向业主书面及时反映；

(3)在发包人规定的时间内积极配合发包人对施工及设计方案进行优化设计；

(4)参与工程质量事故分析，并对因设计造成的质量事故，提出相应的技术处理

方案;

(5)参加本工程的交工、竣工验收,提交设计工作报告,并配合质量监督部门校核工程是否按施工图设计施工。

路基桥隧工程施工阶段设计人应根据工程需要派遣至少3名设计代表(主体标段);交通工程和沿线设施施工阶段,主体标段至少1名,机电工程至少1名、房建工程至少2名设计代表常驻施工现场,且设计代表须由专业相符、设计经验丰富,并参与本项目设计的工作人员担任,在开工建设第一年,设计代表必须为参与本项目设计的专业人员;在施工高峰期,设计人应满足业主要求增设设计代表或定期派遣设计问题会诊小组的要求。否则,设计代表将被视为不合格,按通用条款5.2款规定办理。设计单位应向所派出的设计代表提供办公、住宿及车辆等相关配套设施,所发生的费用应包含在投标报价中。

若发包人在工作中发现设计代表不称职或有违法行为时,有权提出更换,设计人应在发包人提出更换通知的7天内完成更换工作并使发包人满意。

3.5 履约担保

3.5.1 本项约定为:

设计人在收到中标通知书后14天内并在签订合同协议书之前,应向发包人提供金额为5 %签约合同价的履约担保。

履约担保的形式:现金担保。

3.9 设计人应履行的其他义务

3.9.1 设计人应在业主或业主委托单位或上级主管部门提出的审查意见后10天内,完成对初步设计优化、施工图设计的修改工作。

3.9.2 在勘察设计阶段,设计人有义务按交通运输主管部门审核批准的设计意见或业主审核的意见进行补充和修改设计文件及其他的所有文件,使其所有的设计符合国家交通运输主管部门和业主的要求,由此可能发生的一切相关费用均应计入投标价中,业主将不另行支付。

3.9.3 要求增设设计代表或定期派遣设计问题会诊小组等后续服务工作不再增加服务费用。

3.9.4 设计人应在项目交工验收、竣工验收前根据批准的施工图设计文件及变更文件,对工程的最终工程量进行汇总、整理、分析提交竣工图表,作为设计总结报告的基础资料,接受验收且费用均含入报价。

3.9.5 按照以下原则审查给予设计单位的变更设计费用:

(1)在施工图设计批复后,设计单位根据国家政策性调整、行业设计规范更新以及省厅文件要求进行设计变更的内容,给予相应的变更设计费用;其他设计变更都应属于设计深度不足而引起后续设计变更的内容,其设计工作量应包含在投标报价中,不再给予设计单位变更设计费用。

(2)设计人应按风险共担的原则,充分考虑房建占地规模增加及建筑面积增加的情况,占地规模及建筑面积增加在20%范围内所产生的设计工作量均应包含在投标报价中,不再给予设计单价变更设计费用。

(3)变更设计费用的计算参照《工程勘察设计收费标准》(2002年修订本)执行。

4　勘察设计周期及提交成果

4.1　勘察设计周期及提交成果

本款约定为:

(1)____月____日前提交初勘报告送审稿____份,并通过初勘评审;

(2)____月____日前提交初步设计外业验收报告送审稿____份,并通过初步设计外业验收;

(3)____月____日前提交初步设计文件送审稿____份,并通过评审;

(4)____月____日前提交详勘报告送审稿____份,并通过详勘评审;

(5)____月____日前提交施工图设计文件送审稿____份,并通过评审;其余专项工程施工图设计文件根据工程项目进展及发包人要求进行提供,并通过评审;

(6)根据咨询单位、发包人和上级主管部门审查意见,对勘察报告、各设计文件及专项设计文件进行修改完善,提交勘察报告、初步设计文件、施工图设计文件和专项施工图设计文件最终稿各____份,分标段施工图设计文件最终稿每标段各____份;

(7)根据发包人招标工作进度的需要,分批提交开展施工招标工作所需的图纸、工程量清单、参考资料、施工专用技术规范等招标资料(每标段____份);

(8)征地拆迁图编绘:初步设计文件批复后______天内完成;

(9)施工现场配合服务:从项目开工至项目竣工验收,施工期暂定________年;缺陷责任期____年。

设计人还应向发包人提交最终成果的书面计算书一份,各阶段勘察报告、设计文件及专题研究报告的电子版一份。

5　违约与赔偿

5.2　设计人的违约

(13)如果初步设计勘察设计深度不够、资料不足、方案缺陷或质量低劣并且未通过业主或业主委托单位或上级主管单位的审查时,业主有权终止设计合同,并可按合同价的5%~10%扣除设计人的违约金。若设计文件无利用价值,其相应设计费用不予支付。

(14)如果施工图设计未通过业主或业主委托的设计审查咨询单位或上级主管单位

的审查时,设计人必须在业主规定的时间内重新补充完善设计,并根据实际情况按合同价的5% ~10% 扣除设计人的违约金。

(15)设计人未按规定时间提供施工图设计(初步设计)文件,则每延期一天,业主将按施工图设计(初步设计)合同价格的0.5% 扣除设计人的违约金。

(16)设计人未能在业主规定的期限内提供变更设计文件时,每延期1 天,业主将按后续服务费合同价的0.2% 扣除设计人的违约金。

(17)所有违约金和赔偿金有权在设计人的履约担保或勘察设计费中扣除或者要求索赔。因设计人违约造成合同终止时,设计人应及时将已完成的勘察成果及设计文件无偿提交给业主。

(18)设计人未按招标文件规定,按时安排后续服务人员,每延期1 天/人次,业主扣设计人违约金3 000 元;在后续服务期间,设计人未经业主同意随意更换或不能胜任此项工作,业主要求更换后续服务人员1 人次,业主扣设计人违约金1 万元/人次。

7　费用与支付

7.1　勘察设计费用

7.1.2　本项约定为:本合同的勘察设计工作计价模式为:固定单价。

7.2　支付时间

本项目勘察设计费用支付阶段如下:

(1)合同签署后28 天内,发包人向设计人支付勘察设计费用的____% 作为预付款(本合同履行后,预付款抵作勘察设计费,不再扣回)。

(2)本项目勘察设计工作采用固定单价计价,报价清单中所列工作量是预估数量,仅作为投标的共同基础,不能作为最终结算支付的依据。实际支付应按工可研批复的工作量和报价清单的单价计算支付金额。

(3)初步设计文件按期完成后并送至发包人处,经发包人或上级主管部门审查、修改批准后,支付勘察设计费用的____% 。

(4)施工图设计文件按期完成后并送至发包人处,经发包人或上级主管部门审查、修改批准后,支付勘察设计费用的____% 。

(5)施工招标图纸、参考资料、工程量清单及施工专用技术规范按期完成后并送至发包人处,发包人施工招标完成并与施工单位签订施工合同之后,支付勘察设计费用的____% 。

(6)所有专项工程施工图设计文件均按期完成并送至发包人处,经发包人或上级主管部门审查、修改批准后,向设计人支付至勘察设计费用的____% 。

(7)施工配合期内各年度末,发包人每年向设计人支付勘察设计费用的____% 。

(8)本项目竣工验收证书签发后28 天内,发包人向设计人退还履约保证金。

发包人将根据设计进度及设计质量情况实行设计费用专项审批制度。如在规定的时间内设计人没有收到付款时，则每延期 30 天，发包人应付给设计人拖欠金额的0.1%的滞纳金。

7.5　暂列金额

本款约定为：本合同的暂列金额为工程勘察设计费的____%。

7.6　勘察设计费用的调整

本款约定为：在合同实施期间，本项目勘察设计费用不随国家政策调整或法规、标准及市场因素变化进行调整。

7.7　质量保证金

本款约定为：本项目的质量保证金为勘察设计费用总额的5%。

8　其他

8.4　争议的解决

8.4.1　本项约定为：争议的最终解决方式：仲裁或诉讼。

如采用仲裁，仲裁机构名称：西安市仲裁委员会。

第三节　合同附件格式

附件一　合同协议书

合同协议书

本合同协议书由＿＿＿＿＿＿（以下简称"甲方"）与＿＿＿＿＿＿（以下简称"乙方"）于＿＿＿＿年＿＿月＿＿日共同签署。

甲方通过＿＿月＿＿日的中标通知书接受了乙方为＿＿＿＿＿＿（项目名称）＿＿标段勘察设计所做的投标,双方达成如下条款:

一、工程概况:

第＿＿＿＿标段由K＿＿＿＿+＿＿＿＿至K＿＿＿＿+＿＿＿＿,长约＿＿＿km,公路等级为＿＿＿＿＿＿,设计时速为＿＿＿＿＿＿,＿＿＿＿路面,有＿＿＿＿立交＿＿＿＿处;特大桥＿＿＿＿座,计长＿＿＿＿m;大中桥＿＿＿＿座,计长＿＿＿＿m;隧道＿＿＿＿座,计长＿＿＿＿m,以及其他构造物工程等。

二、乙方承担的勘察设计任务包括:＿＿＿＿＿＿＿＿。

三、下列文件应作为本合同的组成部分:

(1)本协议书及各种合同附件(含评标期间和合同谈判过程中的澄清文件和补充资料;设计人提交的经发包人审核通过的勘察设计详细工作大纲及进度计划、专题研究详细工作大纲等);

(2)中标通知书;

(3)投标函;

(4)专用合同条款;

(5)通用合同条款;

(6)勘察设计技术要求;

(7)报价清单(如有);

(8)投标文件中承诺投入的项目主要人员;

(9)联合体协议(如有);

(10)构成本合同组成部分的其他文件。

上述文件应认为是互为补充和解释的,但如有含义不清或互相矛盾处,以上面所列顺序在前者为准。

四、合同总价为人民币(大写)＿＿＿＿＿＿元(¥＿＿＿＿元)(其中包括暂列金额＿＿＿＿元人民币)。

五、项目负责人:＿＿＿＿＿＿;分项负责人:＿＿＿＿＿＿。

六、勘察设计周期:＿＿＿＿＿＿。

七、甲方和乙方双方的责任和义务及违约条款遵照勘察设计合同条款的规定。

八、本协议书在乙方提供履约担保后,由双方法定代表人或其委托代理人签署并加盖单位章后生效。乙方完成全部勘察设计工作且勘察设计费用结清后失效。

九、本协议书正本两份、副本____份,合同双方各执正本一份、副本____份,当正本与副本的内容不一致时,以正本为准。

十、合同未尽事宜,双方另行签订补充协议。补充协议是合同的组成部分。

甲　方:(单位全称)　(盖单位章)
法定代表人
　　　　或
其委托代理人:__________(职务)
　　　　　　　__________(姓名)
　　　　　　　__________(签字)
地　址:______________________
电　话:______________________
日　期:______________________

乙　方:(单位全称)　(盖单位章)
法定代表人
　　　　或
其委托代理人:__________(职务)
　　　　　　　__________(姓名)
　　　　　　　__________(签字)
地　址:______________________
电　话:______________________
日　期:______________________

附件二　廉政合同

廉 政 合 同

根据《在交通基础设施建设中加强廉政建设的若干意见》以及有关工程建设、廉政建设的规定，为做好工程建设中的党风廉政建设，保证工程建设高效优质，保证建设资金的安全和有效使用以及投资效益，____________（项目名称）的项目法人__________（项目法人名称，以下简称“甲方”）与该项目____________标段的设计人____________（设计人名称，以下简称“乙方”），特订立如下合同。

第一条　甲乙双方的权利和义务

（一）严格遵守党的政策规定和国家有关法律法规及交通运输部的有关规定。

（二）严格执行____________（项目名称）____________标段勘察设计合同文件，自觉按合同办事。

（三）双方的业务活动坚持公开、公正、诚信、透明的原则（法律认定的商业秘密和合同文件另有规定除外），不得损害国家和集体利益，不得违反工程建设管理规章制度。

（四）建立健全廉政制度，开展廉政教育，设立廉政告示牌，公布举报电话，监督并认真查处违法违纪行为。

（五）发现对方在业务活动中有违反廉政规定的行为，有及时提醒对方纠正的权利和义务。

（六）发现对方严重违反本合同义务条款的行为，有向其上级有关部门举报、建议给予处理并要求告知处理结果的权利。

第二条　甲方的义务

（一）甲方及其工作人员不得索要或接受乙方的礼金、有价证券和贵重物品，不得在乙方报销任何应由甲方或甲方工作人员个人支付的费用等。

（二）甲方工作人员不得参加乙方安排的超标准宴请和娱乐活动，不得接受乙方提供的通信工具、交通工具和高档办公用品等。

（三）甲方及其工作人员不得要求或者接受乙方为其住房装修、婚丧嫁娶活动、配偶子女及其亲属的工作安排以及出国出境、旅游等提供方便等。

（四）不准向乙方和相关单位介绍或为配偶、子女、亲属参与同本勘察设计合同有关的勘察设计业务等活动。不得以任何理由要求乙方和相关单位在设计中使用某种产品、材料和设备。

第三条　乙方的义务

（一）乙方不得以任何理由向甲方及其工作人员行贿或馈赠礼金、有价证券、贵重礼品。

（二）乙方不得以任何名义为甲方及其工作人员报销应由甲方单位或个人支付的任何费用。

(三)乙方不得以任何理由安排甲方工作人员参加超标准宴请及娱乐活动。

(四)乙方不得为甲方单位和个人购置或提供通信工具、交通工具和高档办公用品等。

第四条　违约责任

(一)甲方及其工作人员违反本合同第一、二条,按管理权限,依据有关规定给予党纪、政纪或组织处理;涉嫌犯罪的,移交司法机关追究刑事责任;给乙方单位造成经济损失的,应予以赔偿。

(二)乙方及其工作人员违反本合同第一、三条,按管理权限,依据有关规定给予党纪、政纪或组织处理;给甲方单位造成经济损失的,应予以赔偿;情节严重的,甲方建议交通运输主管部门给予乙方一至三年内不得进入其主管的公路建设市场的处罚。

第五条　双方约定:本合同由双方或双方上级单位的纪检监察部门负责监督执行。由甲方或甲方上级单位的纪检监察部门约请乙方或乙方上级单位纪检监察部门对本合同执行情况进行检查,提出在本合同规定范围内的裁定意见。

第六条　本合同有效期为甲乙双方签署之日起至勘察设计合同失效日止。

第七条　本合同作为__________(项目名称)__________标段勘察设计合同的附件,与勘察设计合同具有同等的法律效力,经合同双方签署后立即生效。

第八条　本合同一式四份,由甲乙双方各执一份,送交甲乙双方的监督单位各一份。

甲　方:(单位全称)　(盖单位章)	乙　方:(单位全称)　(盖单位章)
法定代表人	法定代表人
或	或
其委托代理人:__________(职务)	其委托代理人:__________(职务)
__________(姓名)	__________(姓名)
__________(签字)	__________(签字)
地　址:____________________	地　址:____________________
电　话:____________________	电　话:____________________
日　期:____________________	日　期:____________________
甲方监督单位:(单位全称)(盖单位章)	乙方监督单位:(单位全称)(盖单位章)

附件三　履约保函

履 约 保 函

致：____________（发包人全称）

鉴于____________（设计人全称）（下称“设计人”）将与____________（发包人全称）（下称“发包人”）签订__________________（项目名称）____________标段勘察设计合同协议书，我方愿意无条件地、不可撤销地就设计人履行与你方订立的合同，向你方提供担保。

1. 担保金额为人民币（大写）____________元（￥________元）。

2. 担保有效期自发包人与设计人签订的合同生效之日起至竣工验收完成之日止。

3. 在本担保有效期内，因设计人违反合同约定的义务给你方造成经济损失时，我方在收到你方以书面形式提出的在担保金额内的赔偿要求后，在7天内无条件支付，无须你方出具证明或陈述理由。

4. 发包人和设计人对合同条款进行任何修改或补充，我方承担本保函规定的义务不变。

担保银行：（银行全称）（盖单位章）

法定代表人

或

其委托代理人：____________（职务）

____________（姓名）

____________（签字）

地　　址：__________________________

邮政编码：__________________________

电　　话：__________________________

传　　真：__________________________

________年____月____日

第五章　勘察设计技术要求

第五章　勘察设计技术要求

一、勘察设计技术标准与规范

本工程的勘察设计过程和成果必须符合国家有关工程建设标准强制性条文和交通运输部关于公路勘察设计方面现行的标准、规范、规程、定额、办法、示例以及招标项目所在地关于公路工程勘察设计方面的文件、规定。

设计人在勘察设计工作中使用或参考上述标准、规范以外的技术标准、规范时，应征得发包人或发包人的指定代表人的同意。

在设计过程中，如果国家或有关部门颁布了新的技术标准或规范，则设计人应采用新的标准或规范进行勘察设计。

设计人在勘察设计工作中必须使用中华人民共和国《工程建设标准强制性条文》（公路工程部分）和下述标准、规范（不限于）：

1. （JTG B01—2003）　《公路工程技术标准》
2. （JTJ 002—87）　《公路工程名词术语》
3. （JTJ 003—86）　《公路自然区划标准》
4. （JTG/T B02-01—2008）　《公路桥梁抗震设计细则》
5. （JTG B03—2006）　《公路建设项目环境影响评价规范》
6. （JTG B04—2010）　《公路环境保护设计规范》
7. （JTG C10—2007）　《公路勘测规范》
8. （JTJ 064—98）　《公路工程地质勘察规范》
9. （JTG C30—2002）　《公路工程水文勘测设计规范》
10. （JTG E40—2007）　《公路土工试验规程》
11. （JTG D20—2006）　《公路路线设计规范》
12. （JTG D30—2004）　《公路路基设计规范》
13. （JTG D50—2006）　《公路沥青路面设计规范》
14. （JTG D40—2002）　《公路水泥混凝土路面设计规范》
15. （JTJ 018—97）　《公路排水设计规范》
16. （JTG D60—2004）　《公路桥涵设计通用规范》
17. （JTG D61—2005）　《公路圬工桥涵设计规范》
18. （JTG D62—2004）　《公路钢筋混凝土及预应力混凝土桥涵设计规范》
19. （JTG D63—2007）　《公路桥涵地基与基础设计规范》

20. (JTJ 025—86) 《公路桥涵钢结构及木结构设计规范》
21. (JTG D70—2004) 《公路隧道设计规范》
22. (JTJ 026.1—1999) 《公路隧道通风照明设计规范》
23. (JTG D81—2006) 《公路交通安全设施设计规范》
24. (JTG/T B07-01—2006) 《公路工程混凝土结构防腐蚀技术规范》
25. (JTG/T B05—2004) 《公路项目安全性评价指南》
26. (GB/T 50283—1999) 《公路工程结构可靠度设计统一标准》
27. (GB 50162—1992) 《道路工程制图标准》
28. (交公路发〔2007〕358 号) 《公路工程基本建设项目设计文件编制办法》
29. (JTG B06—2007) 《公路工程基本建设项目概算预算编制办法》
30. (JTG/T B06-01—2007) 《公路工程概算定额》
31. (JTG/T B06-02—2007) 《公路工程预算定额》
32. (JTG/T B06-03—2007) 《公路工程机械台班费用定额》
33. (建标〔1999〕278 号) 《公路建设项目用地指标》
34. (CECS 09—1989) 《工业企业程控用户交换机工程设计规范》
35. (YD 2002—1992) 《长途通信干线电缆线路工程设计规范》
36. (YD 5102—2010) 《通信线路工程设计规范》
37. (YDJ 44—1989) 《电信网光纤数字传输系统工程施工及验收暂行技术规定》
38. (YD 5098—2005) 《通信局(站)防雷与接地工程设计规范》
39. (GB 50374—2006) 《通信管道工程施工及验收规范》
40. (GB 50198—1994) 《民用闭路监视电视系统工程技术规范》
41. (GB 50174—2008) 《电子信息系统机房设计规范》
42. (IEC) 《国际电工委员会系列标准》
43. (GB 50057—1994) 《建筑物防雷设计规范》
44. (JGJ 16—2008) 《民用建筑电气设计规范》
45. (YDJ 9—1990) 《市内通信全塑电缆线路工程设计规范》
46. (YD/T 5138—2005) 《本地通信线路工程验收规范》
47. (GB 50168—2006) 《电气装置安装工程电缆线路施工及验收规范》

二、发包人根据工程需要另行补充的勘察设计技术要求(如有)

第六章　投标文件格式

_______________(项目名称)_______标段勘察设计

投　标　文　件

第一卷　商务文件

投标人：_________________(盖单位章)

_______ 年 _____ 月 _____ 日

目　　录

一、投标函
二、法定代表人身份证明或法定代表人的授权委托书
三、联合体协议书
四、投标保证金
五、拟分包项目情况表
六、资格审查表
七、其他材料

一、投 标 函

______________________（招标人全称）：

1. 经现场踏勘和研究__________（项目名称）勘察设计招标文件的全部内容（含第__号至第__号补遗书）后，我方就上述勘察设计任务及相关服务进行投标，其中投标价详见报价函。

2. 如果我方中标，我方保证在中标通知书规定的期限内与你方签订合同协议书，并在勘察设计合同协议书所规定的期限内完成通知要求的勘察设计任务。

3. 项目负责人姓名：________，性别：______，年龄：______，现任职务：__________，职称：________。

4. 如果我方中标，我方将按照规定提交履约担保，共同地和分别地承担责任。

5. 我方承诺在本投标文件有效期内，本投标函对我方具有约束力，并随时接受中标。

6. 在合同协议书正式签署生效之前，本投标函连同你方的中标通知书将构成我们双方之间共同遵守的文件，对双方具有约束力。

7. 我方以金额为人民币______万元的投标担保与本投标函同时递交。

8. 在此我方郑重承诺：我方将按发包人的要求提供高质量的后续服务，后续服务的承诺为__________________。

投　标　人：______________________（盖单位章）
法定代表人或其委托代理人：____________（签字）
地　　　址：________________________________
网　　　址：________________________________
电　　　话：________________________________
传　　　真：________________________________
邮 政 编 码：________________________________

________ 年 ____ 月 ____ 日

二、法定代表人身份证明或法定代表人的授权委托书

(一)法定代表人身份证明[①]

投标人名称:________________________
单位性质:__________________________
地址:______________________________
成立时间:______年____月____日
姓名:________(法定代表人亲笔签字) 性别:____ 年龄:____ 职务:________
系______________(投标人名称)的法定代表人。

特此证明。

投标人:________________(盖单位章)

________年____月____日

注:1. 法定代表人的签字必须是亲笔签名,不得使用印章、签名章或其他电子制版签名代替;
2. 在法定代表人身份证明后应附有公证机关出具的加盖钢印、单位章并盖有公证员签名章的公证书,钢印应清晰可辨,同时需对法定代表人身份证明中法定代表人的签名、投标人的单位章的真实性进行公证;
3. 公证书出具的日期与法定代表人身份证明出具的日期同日或在其之后。

① 如果由投标人的法定代表人签署投标文件,需提交法定代表人身份证明。

(二)授权委托书[①]

本人______(姓名)系______(投标人名称)的法定代表人,现委托________(姓名)为我方代理人。代理人根据授权,以我方名义签署、澄清、说明、补正、递交、撤回、修改________________________(项目名称)________________标段勘察设计投标文件、签订合同和处理有关事宜,其法律后果由我方承担。

委托期限[②]:____________。

代理人无转委托权。

投　标　人:__________(盖单位章)

法定代表人:_____________(签字)

身份证号码:___________________

委托代理人:_____________(签字)

身份证号码:___________________

_____年____月____日

注:1. 法定代表人和委托代理人必须在授权委托书上亲笔签名,不得使用印章、签名章或其他电子制版签名代替;

2. 在授权委托书后应附有公证机关出具的加盖钢印、单位章并盖有公证员签名章的公证书,钢印应清晰可辨,同时公证内容完全满足招标文件规定;

3. 公证书出具的日期与授权委托书出具的日期同日或在其之后;

4. 以联合体形式投标的,本授权委托书应由联合体牵头人的法定代表人按上述规定签署并公证。

① 如果由投标人法定代表人的委托代理人签署投标文件,需提交授权委托书。

② 委托期限可写:自本委托书签署之日起至投标有效期满。

三、联合体协议书

__________(所有成员单位名称)自愿组成联合体,共同参加________________(项目名称)____标段勘察设计投标。现就联合体投标事宜订立如下协议。

1. ______________(某成员单位名称)为牵头人。

2. 联合体牵头人合法代表联合体各成员负责本招标项目投标文件编制和合同谈判活动,代表联合体提交和接收相关的资料、信息及指示,处理与之有关的一切事务,并负责合同实施阶段的主办、组织和协调工作。

3. 联合体将严格按照招标文件的各项要求,递交投标文件,履行合同,并对外承担连带责任。

4. 联合体牵头人代表联合体签署投标文件,联合体牵头人的所有承诺均认为代表了联合体各成员。

5. 联合体各成员单位内部的职责分工如下:____________(牵头人名称)承担____________专业工程;____________(成员一名称)承担____________专业工程;____________(成员二名称)承担____________专业工程……

6. 投标工作和联合体在中标后工程实施过程中的有关费用按各自承担的工作量分摊。

7. 本协议书自签署之日起生效,合同履行完毕后自动失效。

8. 本协议书一式____份,联合体成员和招标人各执一份。

牵头人名称:____________________(盖单位章)
法定代表人:________________________(签字)

成员一名称:____________________(盖单位章)
法定代表人:________________________(签字)

成员二名称:____________________(盖单位章)
法定代表人:________________________(签字)
……

________年____月____日

四、投标保证金

若采用电汇，投标人应在此提供电汇回单的复印件。

如采用银行保函，银行保函原件装订在投标文件的正本之中，格式如下。

____________________（招标人名称）：

鉴于______________（投标人名称）（以下简称“投标人”）于________年__月__日参加__________（项目名称）__________标段勘察设计的投标，__________（担保人名称，以下简称“我方”）无条件地、不可撤销地保证：投标人在规定的投标有效期内撤销或修改其投标文件的，或者投标人不接受依据评标办法的规定对其投标文件中细微偏差进行澄清和补正，或者投标人提交了虚假资料，或者投标人在收到中标通知书未按招标文件规定提交履约担保或拒绝签订合同协议书的，我方承担保证责任。收到你方书面通知后，在 7 天内无条件向你方支付人民币（大写）____________元。

本保函在投标有效期或经延长的投标有效期期满后 30 日内保持有效①。要求我方承担保证责任的通知应在上述期限内送达我方。你方延长投标有效期的决定，应通知我方。

担保人名称：______________________（盖单位章）

法定代表人或其委托代理人：____________（签字）

地　　址：__________________________________

邮政编码：__________________________________

电　　话：__________________________________

传　　真：__________________________________

________年____月____日

① 本条内容可修改为：“本保函自________（生效日期）之日起生效，至________（失效日期）之日失效”，但具体失效日期必须在投标有效期期满 30 日后。

五、拟分包项目情况表

分包人名称		地址	
法定代表人		电话	
营业执照号码		资质等级	
拟分包的勘察设计任务及其工作量			
分包工作量占总工作量的比例(%)			
分包人完成类似勘察设计任务的经历	注:本栏应写明分包人以往做过的类似勘察设计任务,包括工程名称、工程地点、造价、勘察设计周期和其发包人的姓名和地址		
拟配备主要人员的情况	注:本栏应写明分包人拟配备的主要人员,包括姓名、性别、年龄、职称、拟担任职务、工作经历等内容		

注:1. 如无分包人,则投标人应填写“无”。

2. 如有分包人,在本表后应附分包人的法人营业执照副本(全本)的复印件、资质证书副本(全本)的复印件。上述所有执照、证书复印件均应加盖分包人单位章。

六、资格审查表

(一)投标人基本情况表

<table>
<tr><td>投标人名称</td><td colspan="8"></td></tr>
<tr><td>注册地址</td><td colspan="4"></td><td colspan="2">邮政编码</td><td colspan="2"></td></tr>
<tr><td rowspan="2">联系方式</td><td>联系人</td><td colspan="3"></td><td colspan="2">电话</td><td colspan="2"></td></tr>
<tr><td>传真</td><td colspan="3"></td><td colspan="2">电子邮件</td><td colspan="2"></td></tr>
<tr><td>法定代表人</td><td>姓名</td><td></td><td colspan="2">技术职称</td><td colspan="2"></td><td>电话</td><td></td></tr>
<tr><td>技术负责人</td><td>姓名</td><td></td><td colspan="2">技术职称</td><td colspan="2"></td><td>电话</td><td></td></tr>
<tr><td>成立时间</td><td colspan="2"></td><td colspan="6">员工总人数：</td></tr>
<tr><td>勘察资质等级</td><td colspan="2"></td><td rowspan="3">其中</td><td colspan="2">高级职称</td><td colspan="3"></td></tr>
<tr><td>设计资质等级</td><td colspan="2"></td><td colspan="2">中级职称</td><td colspan="3"></td></tr>
<tr><td>营业执照号</td><td colspan="2"></td><td colspan="2">各类注册人员</td><td colspan="3"></td></tr>
<tr><td>注册资金</td><td colspan="8"></td></tr>
<tr><td>基本账户开户银行</td><td colspan="8"></td></tr>
<tr><td>基本账户账号</td><td colspan="8"></td></tr>
<tr><td>经营范围</td><td colspan="8"></td></tr>
<tr><td>备注</td><td colspan="8"></td></tr>
</table>

注：1. 在本表后应附法人营业执照副本(全本)的复印件、勘察资质证书副本(全本)的复印件、设计资质证书副本(全本)的复印件、基本账户开户许可证的复印件。上述所有执照、证书复印件均应加盖投标人单位章。

2. 以联合体形式参与投标的，联合体各成员应分别填写。

(二)近年完成的类似项目情况表

项目名称	
项目所在地	
发包人名称	
发包人地址	
发包人电话	
项目等级	
项目总投资	
合同价格	
承担的勘察设计工作	
勘察设计周期	
项目负责人	
项目完成情况	
项目描述	
备注	

注:1. 投标人应提供______年~______年已完成的类似勘察设计项目情况。每张表格只填写一个项目,并标明序号。

2. 项目完成情况:根据先后顺序分为“初步设计已批复”、“施工图设计已审批”等不同阶段,投标人应根据项目实际完成情况进行填报。

3. 本表后应附中标通知书或合同协议书的复印件,并按照投标人填报的完成情况提供相关业绩证明材料。其中“初步设计已批复”的证明材料应为初步设计批复意见的复印件,“施工图设计已审批”等不同阶段的证明材料应为施工图设计审批意见的复印件。如果投标人提供的上述证明材料均无法体现出“投标人须知前附表”附录2要求的建设规模或技术指标(如有),则投标人还需提供其他相关证明材料。

4. 如近年来,投标人法人机构发生合法变更或重组或法人名称变更时,应提供相关部门的合法批件或其他相关证明材料来证明其所附业绩的继承性。

5. 以联合体形式申请资格预审的,联合体各成员应分别填写。

(三)正在进行的勘察设计和新承接的项目情况表

起 讫 时 间	项 目 概 况	发包人名称	计划完成日期	备　注

注:1. 投标人应如实将正在测设中或已中标还未签订合同(包括已签订合同但尚未开始)的主要公路勘察设计项目情况填入本表中。

2. 项目概况包括:项目名称、项目等级、规模、总投资、勘察设计周期、项目负责人。

3. 本表后应附中标通知书或合同协议书的复印件。

4. 以联合体形式参与投标的,联合体各成员应分别填写。

(四)拟委任的主要人员汇总表

姓　　名	年　　龄	拟在本项目中担任的职务	技术职称	工作年限	类似勘察设计经验年限

注:1. 本表填报的人员应满足“投标人须知前附表”附录 3 的要求。

2. 本表后应附投标人所属社保机构出具的拟委任的主要人员参加社保的有效证明材料(并加盖社保机构单位章);如果投标人属事业法人单位,则由投标人的上级主管部门出具拟委任的主要人员是投标人本单位职工的书面证明材料。

(五)主要人员资历表

<table>
<tr><td colspan="10">1. 一般情况</td></tr>
<tr><td>姓名</td><td></td><td>性别</td><td></td><td>年龄</td><td></td><td>学位</td><td></td><td>身份证号码</td><td></td></tr>
<tr><td>职称</td><td></td><td colspan="3">为投标人服务时间(年)</td><td colspan="2"></td><td colspan="2">在本合同中拟任职</td><td></td></tr>
<tr><td>学历</td><td colspan="9">年毕业于　　　　　　　　（学校）　　　　　　　　（专业）</td></tr>
<tr><td colspan="10">2. 经历</td></tr>
<tr><td>时间</td><td colspan="5">负责过的主要工程(类型和金额)</td><td colspan="2">该项目中任职</td><td colspan="2">发包人及联系电话</td></tr>
<tr><td></td><td colspan="5"></td><td colspan="2"></td><td colspan="2"></td></tr>
<tr><td colspan="10">3. 获奖情况</td></tr>
<tr><td colspan="10"></td></tr>
<tr><td colspan="10">4. 目前承担的任务</td></tr>
<tr><td colspan="10"></td></tr>
</table>

注:1. 本表人员应与表(四)中所列人员相一致,附拟委任的主要人员的身份证、职称资格证书以及资格审查条件所要求的其他相关证书(如造价工程师执业证书等)的复印件。

2. 项目负责人及分项负责人还应提供相关业绩证明材料的复印件。

(六)投标人信誉情况表

投标人应根据本单位情况,在此对其信誉情况作出说明。内容包括有无不良履约信誉,近五年(自______年至______年)获奖情况,可列表说明。

(七)投标人与其他单位资产关联、隶属关系框图

本框图须提供涉及投标人利益关系的所有资产关联情况,应在本框图内明确显示投标人的投资人、母公司、子公司、分公司及其控股和参股公司。

七、其他材料

________________(项目名称)________标段勘察设计

投　标　文　件

第二卷　技术文件

投标人:__________________(盖单位章)

_______年_____月_____日

目　　录

八、技术建议书

八、技术建议书[①]

（20 000 字以内）

主要内容包括：

1. 对招标项目的理解和总体设计思路；
2. 对招标项目勘察设计的特点、关键性技术问题的认识及其对策措施；
3. 对前一阶段工作技术结论及技术方案的不同看法及建议[②]；
4. 勘察设计工作量及计划安排；
5. 勘察设计的质量保证措施、进度保证措施；
6. 后续服务的安排及保证措施；
7. 其他建议。

（附必要的图纸）

① 技术建议书采用标准图框 A3 幅面，单独装订成册（仅限一册，含文字说明在内，总页数不超过 100 页）。

② 本项适用于技术特别复杂的特大桥梁、长大隧道项目，或者地质、地形条件特别复杂的公路项目。

图框格式

投标人	________公路工程	(图名)	图号		时间	_____年___月

说明:上、下及右页边距分别为1cm,左页边距为2.5cm。

________（项目名称）______标段勘察设计

投　标　文　件

第三卷　报价清单

投标人：________________（盖单位章）

______年____月____日

目　录

一、报价函
二、报价清单说明
三、公路工程勘察工作报价清单表
四、公路工程设计工作报价清单表
五、报价清单汇总表

一、报 价 函

致：______________________（招标人全称）

经现场踏勘和研究__________（项目名称）勘察设计招标文件的全部内容（含第__号至第__号补遗书）后，我方就上述勘察设计任务及相关服务进行投标。

根据分析计算，我方愿以投标价人民币（大写）________元（￥________），完成本招标项目规定的所有工作内容，并接受招标文件第三章“评标办法”第2.8款规定的对本投标价进行的“算术性修正”。同时，我方承诺：本投标价最终受“通用合同条款”第7.1款的约束和调整。

投　标　人：____________________（盖单位章）
法定代表人或其委托代理人：___________（签字）
地　　　址：________________________________
网　　　址：________________________________
电　　　话：________________________________
传　　　真：________________________________
邮 政 编 码：________________________________

_____年____月____日

二、报价清单说明

1.“报价清单”应与“投标人须知”、“通用合同条款”、“专用合同条款”和“勘察设计技术要求”一起使用。投标人应根据本招标项目前一阶段(工可阶段或初步设计阶段)批复意见和强制性要求,按照本招标文件规定的勘察设计工作内容和计划工作量,认真阅读分析本招标项目勘察设计原始资料,在编制完成技术建议书的前提下,慎重提出“报价清单”,并以此作为本招标项目勘察设计费的基础。

2.设计人应按照国家有关工程建设标准强制性条文和交通运输部有关标准、规范、规程、定额、办法、示例等要求的内容和深度,开展本招标项目的勘察设计工作,并将勘察设计费计入相应的报价项目中。“报价清单”所列的报价,应包括测量、勘察、测试、设计、专题研究等为完成本招标项目勘察设计全过程的一切费用,包括按合同规定应完成的勘察设计费和后续服务费(招标配合和施工配合)、与勘察设计文件审查有关的各种会议的会务费以及设计人自行委托咨询的咨询费、利润、税金等与此有关的一切费用。

3.公路工程勘察设计各阶段工作量及费用划分比例,应符合国务院价格主管部门制定的《工程勘察设计收费标准》的规定。

4.“报价清单”为通用表格,投标人应根据本招标项目工作内容,按照表格格式详细填写,以免遗漏或有误。投标人没有报价的项目,发包人将认为有关费用已包含在其他项目之中,不另行支付。凡清单项目中未包含的但在勘察设计中又必须完成的工作内容,均被认为已包含在清单各项目报价中,发包人不另行支付。

5.投标人在“报价清单”中报价应以人民币为单位。

6.“报价清单”应单独密封在第二信封中,并注明“投标文件第三卷‘报价清单’”。

7.投标人应在“报价清单”后附详细的计算说明,包括计算方法、取费依据等,以便招标人对投标人勘察设计报价的合理性作出判断。

三、公路工程勘察工作报价清单表

第______标段　　　　　　　　　　　　　　　　　　　　　　　　　　　单位:元(人民币)

序号	项目名称	计量单位	实物工作量	单价金额	合价金额
1	**控制测量**				
-1	一级	km			
-2	二级	km			
-3	二等	km			
-4	三等	km			
-5	四等	km			
	……				
2	**地形图测绘** (陆地)				
-1	1:500	km^2			
-2	1:1 000	km^2			
-3	1:2 000	km^2			
-4	1:5 000	km^2			
-5	1:10 000	km^2			
	……				
3	**水下地形图测绘**				
-1	1:200	km^2			
-2	1:500	km^2			
-3	1:1 000	km^2			
-4	1:2 000	km^2			
	……				
4	**航空测绘**				
-1	1:500	km^2			
-2	1:1 000	km^2			
-3	1:2 000	km^2			
	……				
5	**勘探**				
-1	钻孔	m			

续上表

序号	项目名称	计量单位	实物工作量	单价金额	合价金额
-2	井探	m			
-3	槽探	m			
-4	硐探	m			
-5	标准贯入试验	m			
-6	动力触探	m			
-7	静力触探	m			
-8	地质雷达	点			
-9	地质雷达	km			
-10	物探				
-a	电法	点			
-b	地震法	点			
-c	地震法	km			
-d	声波	km			
-e	测井	点			
-f	测井	m			
	……				
6	**初测**	km			
	……				
7	**定测**	km			
	……				
8	**一次定测**(如有)	km			
	……				
合计:					

注:本清单格式仅为示例,投标人应核实勘察工作内容及工作量,分别列出并填写本表各勘察项目的分项及子项。同时,投标人应将详细的计算说明(包括每一分项、子项的计算依据及计算过程等)附在报价清单后面。

四、公路工程设计工作报价清单表

第______标段　　　　　　　　　　　　　　　　　　　　单位:元(人民币)

序号	项　目	计量单位	实物工作量	单价金额	合价金额
一	**初步设计**				
1	**公路**				
-1	Ⅰ级				
-2	Ⅱ级				
-3	Ⅲ级				
	……				
2	**桥梁**				
-1	Ⅰ级				
-2	Ⅱ级				
-3	Ⅲ级				
-a	河槽内桥梁				
-b	河滩内桥梁				
	……				
3	**隧道**				
-1	Ⅰ级				
-2	Ⅱ级				
-3	Ⅲ级				
	……				
4	**立体交叉**				
-1	Ⅰ级				
-2	Ⅱ级				
-3	Ⅲ级				
	……				
5	**交通工程及沿线设施**				
	……				
6	**环保、水保及绿化景观设计**				
	……				
7	**专题研究**				
	……				
二	**施工图设计**				
1	**公路**				
-1	Ⅰ级				
-2	Ⅱ级				
-3	Ⅲ级				

续上表

序号	项　目	计量单位	实物工作量	单价金额	合价金额
	……				
2	**桥梁**				
-1	Ⅰ级				
-2	Ⅱ级				
-3	Ⅲ级				
-a	河槽内桥梁				
-b	河滩内桥梁				
	……				
3	**隧道**				
-1	Ⅰ级				
-2	Ⅱ级				
-3	Ⅲ级				
	……				
4	**立体交叉**				
-1	Ⅰ级				
-2	Ⅱ级				
-3	Ⅲ级				
	……				
5	**交通工程及沿线设施**				
	……				
6	**环保、水保及绿化景观设计**				
	……				
7	**专题研究**				
	……				
三	**其他**				
	……				
合计:					

注:1. 本清单格式仅为示例,投标人应根据本招标项目工程特点和设计工作内容,分别列出并填写本表各设计项目的分项及子项。

2. 本清单表中“其他”是指工程设计实际需要或提供相关服务收取的费用,包括总体设计费、主体设计协调费、采用标准设计和复用设计费、非标准设备设计文件编制费、施工图预算编制费、竣工图编制费等。

3. 投标人应将详细的计算说明(包括每一分项、子项的计算依据及计算过程等)附在报价清单后面。

五、报价清单汇总表

第______标段　　　　　　　　　　　　　　　　　　单位:元(人民币)

序号	项　　目	费用合计	备　　注
(1)	公路工程勘察		
(2)	公路工程设计		
(3)	合计		(1)+(2)
(4)	优惠金额		
(5)	暂列金额		(3-4)×__%
(6)	投标报价总计		(3)+(5)-(4)